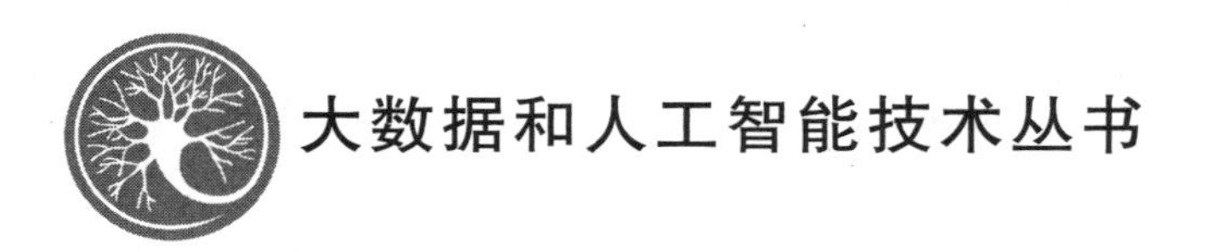

人工智能伦理素养

田凤娟　徐建红　编著

北京邮电大学出版社
www.buptpress.com

内容简介

本书从人工智能给现代社会带来的伦理挑战切入，从人的主体性、就业、教育、隐私等方面具体阐述了人工智能弱化主体性、挤占就业岗位、转移传统教育中心、侵犯个人隐私等问题，提出了人工智能伦理素养培育的必要性和具体内容。本书希望引起社会、高校、个人对人工智能伦理素养培育的重视，在人工智能伦理素养培育过程中要充分发挥马克思主义、中华优秀传统文化、社会主义核心价值观对智能社会的解读能力，对伦理建构的价值主导作用。本书面向的读者群为高校教师、大中专学生、人工智能从业人员，本书可以作为提升人工智能伦理素养的普及读本。

图书在版编目(CIP)数据

人工智能伦理素养 / 田凤娟，徐建红编著．-- 北京：北京邮电大学出版社，2023.3
ISBN 978-7-5635-6779-9

Ⅰ．①人…　Ⅱ．①田…②徐…　Ⅲ．①人工智能－技术伦理学－研究　Ⅳ．①TP18②B82-057

中国版本图书馆 CIP 数据核字(2022)第 194198 号

策划编辑：姚　顺　刘纳新　**责任编辑**：王晓丹　米文秋　**责任校对**：张会良　**封面设计**：七星博纳

出版发行：北京邮电大学出版社
社　　址：北京市海淀区西土城路 10 号
邮政编码：100876
发 行 部：电话：010-62282185　传真：010-62283578
E-mail：publish@bupt.edu.cn
经　　销：各地新华书店
印　　刷：保定市中画美凯印刷有限公司
开　　本：787 mm×1 092 mm　1/16
印　　张：11
字　　数：170 千字
版　　次：2023 年 3 月第 1 版
印　　次：2023 年 3 月第 1 次印刷

ISBN 978-7-5635-6779-9　　　　定价：45.00 元

凡人之患，蔽于一曲而暗于大理。治则复经，两疑则惑矣。

——荀子《荀子·解蔽》

我确实相信：在我们的教育中，往往只是为着实用和实际的目的，过分强调单纯智育的态度，已经直接导致对伦理价值的损害。我想得比较多的还不是技术进步使人类所直接面临的危险，而是“务实”的思想习惯所造成的人类相互体谅的窒息，这种思想习惯好像致命的严霜一样压在人类的关系之上。

——爱因斯坦《爱因斯坦文集·第三卷》

前　言

随着新一代人工智能技术广泛应用于社会服务，成为社会生活的一部分，人工智能伦理素养很快从面向未来工程师的视域转向普通大学生乃至社会大众层面，以帮助人们适应终身学习、智慧教学、智慧校园、智慧家居、智慧城市等学习方式、生活方式和社会交往方式的重大转变。中国作为全球人工智能大国，高度重视人工智能的伦理挑战和人工智能伦理素养的培育。

人工智能伦理素养是一种内在的东西，正如孟子所说："仁义礼智根于心，其生色也睟然，见于面，盎于背，施于四体，四体不言而喻。"（《孟子·尽心上》）人工智能伦理素养应新生事物人工智能而产生，是人们对人工智能的看法，具有伦理鲜明的旨趣，是从科学主义视角向人本主义视角转化的过程中一种基于传统又充满时代意蕴的内心修养，以及由此产生的为人处世之道。

本书论述的人工智能伦理素养培育具有以下三个方面的特点。

首先，突出马克思主义对人工智能社会的解读。从利用马克思主义基本原理解决实际问题出发，以马克思主义哲学观、科学观、伦理观和习近平总书记关于第四次工业革命的系列重要论述为指导，以时代最前沿的问题为"打开方式"，以社会对人工智能伦理素养的需求为着眼点：坚持政治性和学理性的统一，侧重人工智能伦理素养的价值定性，用马克思主义的原则、理论、方法揭示人工智能伦理的本质；坚持价值性和知识性的统一，充分发挥社会主义核心价值观对人工智能伦理的多维度、全过程引领；坚持建设性和批判性的统一，用有中国特色的人工智能伦理素养培育谱系掀开西方人工智能伦理追求普世伦理价值的面纱，将人工智能伦理从普世层面回归到伦理的社会性。

其次，加强中国传统哲学对人工智能社会的解读。目前，在人工智能伦理的学术研究中，大多数理论以西方古典哲学体系为支撑。中国传统哲学的宝库并未得到充分挖掘，千年崇尚德性治理的文化传统与人工智能伦理素养培育没有得到有效的兼容。《墨经》作为百家中罕见的科学、逻辑与伦理并重的学说体系，与智能社会高度契合，对人工智能伦理的建构和培育的启示作用值得深度挖掘。本书希望抛砖引玉，引导人们从中国传统哲学的视角，重新审视人在智能社会的生活方式、社会交往方式和思考方式。

最后，加强对大学生的人工智能伦理素养教育。大学生无疑是智能社会的参与者和建设者。只有年轻一代不断提升适应智能社会的伦理素养，才能让人与智能体、社会和谐发展，才能使人工智能真正为人类福祉服务。以社会主义核心价值观为指导，开展人工智能伦理素养培育，充分发挥高校技术素养与伦理素养教育相结合的综合优势，推动有中国特色的人工智能伦理素养教育，不仅有利于完善面向智能社会的人才培养体系，而且有利于人的全面发展和智能社会的可持续发展。

本书是教育部思政教师专项——大学生人工智能伦理素养教育内容、载体和机制研究（项目号：20JDSZK061）的结题成果。

在本书的写作过程中，北京邮电大学人工智能学院的刘伟研究员给予了启发和帮助，在技术层面和伦理层面都提供了深入的指导；北京邮电大学电子工程学院的张青松同学对第一章的部分内容进行了整理；北京邮电大学出版社的姚顺编辑在本书的构思、框架的设计中，给予了建设性意见。在此一并表示感谢。同时感谢北京邮电大学马克思主义学院对本书出版的支持。

由于成书时间较短，人工智能的发展一日千里，书中难免有错漏之处，敬请各位专家、读者批评指正。

田凤娟
北京邮电大学

目　录

第一章

见微知著：人工智能的伦理挑战

近年来，人工智能技术突飞猛进，应用领域不断拓展，被认为是继互联网之后，最能深刻改变社会的技术变革。从早期应对车间恶劣条件的机械手臂，到如今无处不在的人脸识别、智能语音助手，人工智能渗入生活的每个角落，对生活方式、社会关系甚至人类的未来都产生了深远的影响。人工智能的诞生和所有新技术的诞生一样，必然伴随着伦理反思。就像核被发现之后，因其巨大的杀伤力，科学家首先倡议将其用于和平目的；克隆羊多利诞生后，因其对人的尊严的挑战和对生物进化规律的违背，许多国家禁止克隆技术或仅限于进行审慎的胚胎研究。

和已知技术不同的是，"经过 60 多年的演进，特别是在移动互联网、大数据、超级计算、传感网、脑科学等新理论、新技术以及经济社会发展强烈需求的共同驱动下，人工智能加速发展，呈现深度学习、跨界融合、人机协同、群智开放、自主操控等新特征"[1]。换言之，人工智能是位于特定技术设备中，具备神经连接的自学习数字模型，通过算法或算法的叠加，感知现实的信息并进行处理，获得研发人员并未给予的新知识，从而产生不依赖于人的意志独立决策，具备了半独立或独立参与公共关系的能力。机器智能无限接近人的智慧，但又"逃离"了制造者和使用者的意志驱动，必将深刻挑战以人为基础的伦理谱系。人工智能伦理建构在某种程度上决定了人工智能是人类文明的又一巅峰，抑或是人类文明的"终结者"。

从 1956 年的达特茅斯会议开始，人工智能在经历了三次发展浪潮后，取得了超乎预期的进步，被人们认为是第四次工业革命的引导力量，相比于前三次工业革命，更加具有颠覆性，成为引领新一轮工业革命和产业变革的战略性技术。人工智能逐渐模糊了“人”与“物”的界限，从替代人类的体力劳动（如搬运货物、拧螺丝）转向替代脑力劳动（如计算、设计、编程、作曲），对人类的主体性地位、就业、隐私安全、公共安全都提出了严峻的挑战。从《荷马史诗》中火神造的“泰罗”机器人开始，自古以来机器人就被视为人类使用的工具和机器，只是手段，从来不是目的。当机器人具有人类的思考和推理能力，试图完成从机器到人的跨越，这让一些学者笃定地认为，若干年后的人工智能将全面超越人类，进而取代人类、控制人类。这种似物非物并逐步向人类逼近的新“物种”产生的伦理问题也越来越突出，为人类存在的价值和意义带来了前所未有的挑战。

一、人工智能对人的主体性的挑战

（一）人的主体性问题

人的主体性问题由来已久，在西方可追溯到古希腊时期的哲学家阿那克萨戈拉和柏拉图对于主客二分的讨论。真正开始建立起人的主体性地位的是在文艺复兴时期，以笛卡尔为代表的一批哲学家、数学家、思想家强调人的主体性和能动性，意在将人从对神的从属性地位中解放出来，从根本上是对柏拉图“理念世界”的继承和发展。文艺复兴时期人本主义的流行使得人们开始怀疑并驱逐了神性，让人性走到了历史舞台的中央。笛卡尔的“我思故我在”强调人通过思想来获取知识，以思想为基础来确立自我的存在，思想是具有先验性的，并且可以将人与自然、人与物进行区分，人的主体性的确立是通过先验逻辑理性地来完成的。孟德斯鸠进一步指出了主体具有自然权利和法律权利、个人作为主体具有财产权利等，言明了整个资产阶级的价值诉求，吹响了法国大革命的号角。康德的“先验自我”“绝对理性”用“人是目的”代替了“上帝是目的”，使人摆脱了经验的局限性从而变成独立的个体，并且认为人是认识、审美和道德的主体。如果说笛卡尔的“我思故我在”为人的主体性的确立打下了基础，那么康德的“先验自我”则对人的主体性的确立进行了更深入的明确和巩固。虽然笛卡尔和康德的观点也有其时代的局限性,但是他们的“我思故我在”和“先验自我”仍被人们视为人的主体性确立过程中两个重要的里程碑。[2]从古典时期到文艺复兴时期再到启蒙时代,西方对于人的主体性的肯定表现了明显的断层。经过中世纪千年的漫长等待,主体性在来之不易的回归之后,受到了极端的崇拜与追求,这一点深刻地反映在西方社会个人与社会、个人与政府的关系上,也不可避免地投射到人与人工智能的关系上。

中华优秀传统文化对人的主体性有更丰富的理解,并且表现了完全不受神学困扰的独立性,可以说人的主体性是中国五千年未有断层的文化的精神谱系。《周易》记载,“天行健,君子以自强不息”,强调后天努力的重要性。《道德经》第二十一章有“孔德之容,惟道是从”,提出人首先是道德主体,在修养、处事过程中不能逆道而行。“老子苦礼法之拘,而言大道,始立动机论”[3],对主体动机的考虑进入了道德价值的评判阶段。道家和儒家都有“天人合一”的思想,强调人与自然、社会的关系。《孟子·尽心上》记载,“尽其心者,知其性也。知其性,则知天矣”,强调人的主观能动性,修身才能立命。《太平经》中关于人的主体性的理解为“人者,万象、天地、四时、五行、六和、八方相随”,不是孤立地看人本身,而是看重人与万物之间的联系。“天人合德”给了主体绝对意义上的限定,合乎作为最高道德的天意,人才称为人。正如我国学者郭湛所说:“人的主体性是人作为活动主体的质的规定性,是在与客体相互作用中得到发展的人的自觉、自主、能动和创造的特性。”[4]

汉代王充以人类为示例,认为凡是有意志的,必有表达意志的机关,而宇宙没有此机关,就无意志,人是绝对的主体。后来的韩愈排佛、宋明理学、心学都是从各个不同的角度,强调主体在道德养成、社会实践、人际交往中的作用。

主体与客体的关系就像物理学中的一对相互作用力一样相互依存,作为主体的人相对于客体对象应该具有主观能动性,而这种主观能动性只有实践当中的人才具备。科学技术正是人类实践过程中的产物,它是人的主体地位得以确立的支柱。人类正是不断发展和依靠科学技术才逐渐摆脱了受自然支配的被动地位,并逐步成为改造自然的主体。中华优秀传统文化对人的主体性的定位与西方文化有所区别,西方文化强调主观、先验是主体性的根本,而中华优秀传统文化强调主客观不可分割的主体性和道德意义上的主体性，主体不是服从于“神意”，而是服从于“天意”，天意蕴含了自然发展规律和社会发展规律以及人自身的发展规律，主体的存在以主客体的互动为基础。

（二）人工智能时代人的主体性问题

① 人的道德水平有下滑的趋势。人工智能和互联网所提供的虚拟环境使人类的伦理道德意识发生淡化，甚至可能诱发人们的反社会行为。首先，在虚拟环境中，人类伦理道德更加模糊，网络暴力比现实暴力更容易发生。人们将自己在现实世界中无法满足的欲望寄托于虚拟世界，以排解自身的压力。在虚拟环境中，人类拥有更高程度上的自由，可以说自己在现实世界中不敢说的话，做自己在现实世界中不敢做的事，在匿名的情况下，这种“自由”在一定程度上使得人们不需要为自己的行为负责或者相比于现实世界只需承担极小的责任。在人工智能所创造的虚拟环境中过度依赖和放纵自身将会使人们的伦理道德意识越来越淡化。其次，虚拟环境中丰富的自由体验会使人们沉浸其中而不能自拔，以致人们模糊和歪曲虚拟与现实之间的界限，最终可能做出反社会的行为而浑然不觉。最后，虚拟环境中没有行为的强制性要求，人无须克服各种困难，这容易使人在现实中失去克服困难和为各类情况负责的勇气，容易使人养成懒惰、倦怠、消极的态度和行为特征。

各类智能载体的野蛮生长不断挑战着人类的伦理道德底线。一方面，对于智能载体的使用者来说，智能载体具有极强的使用体验，他们投入大量的时间和精力与智能载体进行交互，而对现实社会产生了冷淡。这不仅使得人们的人际关系淡化和交往能力降低，还容易使人们形成自我封闭的性格，[5]对人们伦理道德的养成产生不良影响。另一方面，对于智能载体的开发者来说，利益的驱动和智能技术本身的引力使得他们不顾人类的伦理道德而盲目追逐智能化的浪潮。2017年10月，“女性”机器人索菲亚获得了沙特国籍，成为第一个拥有国籍的机器人。2019年，日本相继推出“女友”机器人、“妻子”机器人，在市场上销售火爆，这从根本上挑战了作为社会稳定基础的家庭伦理。国际社会围绕着智能机器是否具有人格进行了激烈的大讨论，“奴隶说”“准人格说”“电子人说”“电子面孔法人说”

“代理人资格说”纷纷登场，在没有结果的讨论后，唯一证明的是数字人格和自然人格的界限正在渐渐模糊。这在社会上引起了强烈的危机感，“女友”机器人的反对者纷纷出现，其中最为激烈的是一位机器人与人工智能伦理学教授——凯瑟琳·理查德森。凯瑟琳女士抨击道：“机器人伴侣会让人丧失人性。”在这位女权主义者看来，这种娃娃（伴侣机器人）是出于商业目的制造出来的，它们的存在会使得女性被物品化和商品化。因为不管怎么样，人们购买的仍然是一种色情商品，这在某种程度上意味着还是存在一种把人当作财产的文化。从世界范围来看，有些国家，比如印度，女婴经常被强制流产；再比如英国，平均每周都有两名女性被其现任或前任伴侣杀害。因此，在伴侣机器人存在的情况下，我们不敢保证女性不会受到女性身体商品化的影响。[6]

② 人的主体能力有减弱的趋势。人的主体能力减弱首先体现在人的实践能力减弱。作为主体的人是实践活动的承担者，劳动创造了人本身，但人工智能正在逐步分担着人类的劳动和其他实践活动。人工智能具有一定的自主性，智能体可以自我判断和自我控制，这大大提高了人工智能对人类工作的替代能力。虽然这在一定程度上方便了人们的生活，但是也导致了人们对人工智能的依赖程度越来越高。以自动驾驶为例，虽然这项技术还不够成熟，但是可以想象在未来当人们习惯了乘坐自动驾驶汽车后，人们对于路面突发事件的反应能力将大打折扣，反应速度会下降，甚至会出现乘自动驾驶汽车，重复行驶了无数次从家到公司的出行路线，自己却不会走的尴尬局面。类似的还有智能家居控制、智能医疗诊断和智能工业生产等应用，这些应用在给人们带来舒适、便捷的同时，会让人们渐渐对其产生依赖，从业者都对其基本原理一无所知。人工智能抢占了人作为主体参与实践活动的机会，从而大大弱化了人的实践能力。

人的主体能力减弱还体现在认识能力减弱。主体既是实践活动的承担者，又是认识活动的承担者。人们通过实践活动来提高自己的认识水平，较高的认识水平又反过来指导人们的实践活动。人工智能具有获取和处理外界信息的能力，因此人工智能可代替人类完成部分工作，人们在此基础上接着完成剩余工作。这样人们获取的外界客观事物的信息实际上是被人工智能加工过的“二手信息”，并非客观事物的原始信息。当主体不能把握第一手信息的时候，主体的认识将不可避免地变得片面,导航的普及大大降低了人们认识路线和记忆路线的能力。清华大学著名教育家叶企孙先生就主张用简单的实验仪器或者学生自制实验仪器去做复杂的实验,学生可以通过掌握第一手情况和理解相关原理而提高认知能力。在人们享受人工智能为自身服务的同时,人工智能也减少了主体感知的机会,随着感知能力的下降,主体的认识能力也将下降,人的主体性地位将被逐渐消解。

二、人工智能对劳动伦理的挑战

人工智能技术使得工业机器与信息技术不断融合,人工智能的互联网化对整个社会的经济发展起到了前所未有的推动作用,但是也引发了一系列的社会问题,其中最为直接的就是就业问题。人工智能与人类相生相克,在就业问题上具有局部互补、整体替代的关系。人工智能的发展对人类就业既存在正向的促进作用,也存在负向的排挤作用。在机械化程度已经非常高的发达国家,研究者普遍认为,长期来看人工智能的发展对人类就业的负面作用更大,劳动力供给结构失衡和劳动培养体系不完善问题日益凸显,这给人类就业带来了诸多挑战。

(一)人工智能创造的新岗位数量呈下降趋势

按照人工智能技术促进就业的机理,可以从“补偿效应”和“创造效应”两个方面来解释人工智能对就业的正向作用。补偿效应认为,科学技术的进步能够促进产品生产效率的提高,生产效率的提高会进一步降低产品的市场价格,在保证质量不变的情况下,产品价格降低势必会引起消费者对产品需求量的增加,面对更高的产品需求量,企业将增加更多的工作岗位,新增的工作岗位会对就业形成一定的补偿作用。[7]

不可否认,科学技术的进步在提高生产效率的同时也在降低劳动力需求,补偿效应新增的就业岗位是否能够填补由于生产效率提高所减少的工作岗位?关于此问题,国内外研究学者都曾给出过不同的解释。国外研究学者熊彼特提出了著名的“创新理论”来解释上述问题,他认为科学技术的进步对于工作岗位的影响是一个“创造性毁灭的过程”,创新理论认为科学技术的突破与创新会从经济体系内部对就业进行创造性的重塑并引发暂时性的就业震荡,就业震荡过后经济会更加具有活力并产生更多的工作岗位。英国《经济学人》杂志在2022年1月就人工智能对人类就业的影响进行了讨论,综合多项研究调查发现,将机器人视为"工作杀手"的说法十分片面。人工智能的发展会使自动化企业的生产力得到提高,可以在保证高质量的情况下降低成本,从而增加市场对企业产品的需求,由此使企业扩大发展规模,提供更多的工作岗位。人工智能专家皮埃罗·斯加鲁菲和著名的《财富》杂志编辑杰夫·科尔文一致认为人工智能机器将会创造出更多数量和类型的工作岗位,从而促进就业。英国学者Thomas Stewart对英国从第一次工业革命以来的就业普查记录做过检验,发现其就业人数是在不断增长的,单是从1992年至2014年就增长了23%。这项调查说明了智能化机器对劳动力就业起到了积极推动的作用。国内研究学者罗润东认为科学技术的进步会改变社会就业结构,劳动力需求不仅不会减少,反而会无限增加。除此之外,一些资产阶级经济学家认为科学技术的进步必然会游离出相应的资本去雇佣被科学技术的进步"排挤"的工人。这个观点其实也是马克思站在政治经济学的角度对资产阶级经济学家思想的概括。

另外一项调查发现,虽然智能机器的使用在排挤一部分劳动力的同时会创造新的工作岗位,但是这种岗位的数量呈现下降趋势。美国在20世纪80年代新岗位的创造率为8.2%,20世纪90年代下降至4.4%,到了21世纪之后,新岗位的创造率甚至下降到0.5%。这从侧面说明,智能机器在一定程度上的确可以创造新的工作岗位,从而促进就业,但是其促进作用有一定限度,并且这种促进作用越来越小。原有生产机械化水平饱和度越高的地方,人工智能应用后产生的新岗位数越少。

(二)人工智能时代出现了劳动力供给结构失衡的情况

这种失衡首先表现在劳动力供给质量结构失衡。一方面,劳动力市场的部分岗位出现空岗现象。人工智能技术的更新速度快,劳动力供给质量的更新速度远不及人工智能的发展速度,人工智能市场需要的高端技术人才远远得不到补充,而各个产业需要的高端技术人才数量却在与日俱增,一些岗位存在高薪却无人应聘的现象。随着人们生活水平的提高和生活观念的转变,许多高危、艰苦和冷门的职业无人问津,也出现空岗现象。因此,上述两种因素同时作用导致劳动力市场的部分岗位出现招聘难的问题。另一方面,劳动力市场的部分行业出现无岗可就业的现象,如重复性强的统计、计算、文书等行业。人工智能技术的提高导致资本的有机构成发生转变,这意味着依靠较少的劳动力就能推动和获得较多的生产资料,客观上导致劳动力需求的减少。过剩的劳动力被智能机器排挤,形成了规模庞大的产业后备军,许多劳动人员缺岗待业。因此,人工智能技术的发展对劳动力供给质量结构产生了两方面的影响,一是高端技术岗位人力资源稀缺,二是低技能劳动者无岗可就业,使得劳动力供给结构失衡。

(三)人工智能时代出现了产业结构失衡的情况

人工智能对社会巨大的推动作用引发了产业结构深刻变革,进而影响到劳动力供给。人工智能制造出新的智能产品大大增加了消费者的购买欲,使得消费者对产品的需求提高,产业已开始根据消费者的购买倾向调整产业结构。此外,人工智能新技术的发展带来的新兴产品和新兴部门也会导致产业结构发生变化。产业结构的变革将深刻影响劳动力供给的变化。第一产业(农业)的资本有机构成上升趋势较为明显,用于播种、喷洒农药的无人机以及大规模自动收割机使大量农业劳动力无须耕作,进而使其逐渐涌入第二产业(制造业)和第三产业(服务业)。这是因为从事第一产业的劳动力平均技术水平相对较低,简单、重复性劳动工作较多,容易被智能机器取代。目前与“北斗”联网的无人车,在春耕时期可以不分昼夜和气候条件进行播种,这让人力无法企及。在较早实现农业机械化的美国,5%的农业人口可以养活 95%的城市人口。第一产业是机械智能化后,产生劳动力过剩问题的“大户”。第二产业的资本有机构成缓慢上升与缓慢下降交替进行,这是因为在经济发展过程中,第二产业的就业补偿吸纳了部分农业劳动力与技术水平较低的劳动力被先进机器取代的现象同时存在。随着数字经济的到来,工业互联网的广泛铺开,第二产业将淘汰相当一部分低技能工人。第三产业的资本有机构成情况比较特殊,第三产业内的不同行业与人工智能技术的结合程度不同,因而不同行业的资本有机构成情况呈现出明显区别。第三产业中的餐饮业、宾馆酒店和航空业等传统行业的资本有机构成较高，其劳动力已经接近饱和。有些不能适应线上营销的实体服务业甚至出现倒闭破产的现象。理发、美容等必须以实体经营的行业受到的冲击相对较小。第三产业中与信息技术融合的服务类经济取得长足发展，迫切需要更多的劳动力来支撑其快速发展。例如，互联网经济发展不仅让灵活就业的市场主体大大增加，也带动了物流、包装等产业的发展，这些附属产业门槛较低、培训时间短，吸收了大量第一产业的剩余劳动力。近年来方兴未艾的直播带货为大众创业提供了广阔的舞台，也大大增加了中小市场主体。第三产业会随着数字产业化的深度发展以及下一代移动技术的开发增加新的应用场景，对就业产生新的影响。

（四）人工智能时代出现了劳动力供给职业结构失衡的情况

产业数字化对企业的数字化生存提出了新的要求。人工智能技术推动了低技能的劳动密集型企业向依托人工智能发展的中高端类型企业迈进，企业所提供的岗位也向拥有人工智能技能的人才靠拢，劳动力供给的职业结构发生变化。一方面，在人工智能与产业融合的初步探索阶段，并不会造成劳动力结构的显著变化，但是随着人工智能技术与产业的不断融合，中高等技能的劳动力需求将逐渐增加，而低技能的劳动力需求将持续减少，低技能的从业人员面临失业的风险。而失业的低技能从业人员对岗位的需求远比中高技能从业人员的需求多，劳动力供给职业结构将出现失衡的局面。另一方面，人工智能技术的快速学习能力使得人工智能机器在短暂的时间内能够与在某些领域钻研几十年的工作者相媲美。具有超强学习能力的智能机器已经从传统的重复性、机械性工作拓展到人类引以为傲的艺术创作领域。微软机器人“小冰”的第一部原创诗集《阳光失去了玻璃窗》一经面世就大受好评，日本决定立法保护人工智能的著作权。西班牙制作的智能音乐系统能够独立作曲，其作品已被伦敦交响乐团录制并公演。谷歌2022年2月开展了用人工智能替代软件工程师开发新的人工智能的项目。此外，通过人工智能可以进行各国语言的翻译以及完成一篇新闻稿的撰写，2020年东京奥运会期间，我国媒体运用人工智能软件编写了公布比赛结果的新闻稿，2分钟以内的出稿速度足以击败大多数记者和编辑。越来越多的人工智能通过图灵测试，让人无法区分劳动主体是人还是机器。随着人工智能的技术性突破,人工智能所能替代的领域会越来越多,人工智能的这种"精准替代"和"深度替代"能力,将会使得从事某些职业的人非常少,使劳动力供给职业结构产生根本性的变化,最终将引发劳动力市场职业失衡现象。人工智能不受情绪、工作时长和工作条件、工资干扰,越来越多的"熄灯工厂"也让其更有竞争力。企业追求剩余价值的最大化,那么谁来保证社会的公平、正义,普遍的生存权和发展权?

三、人工智能对教育伦理的挑战

(一)人工智能对高等教育的挑战

高等教育是教育事业中的重要组成部分,起着为社会培养高素质、高技能人才的关键作用。随着社会对人工智能人才的需求不断增加,众多高校开始开设人工智能相关课程,但是高等教育体系所提供的人工智能专业教师出现供给不足的问题。高校开设和新增人工智能专业需要提供一批在人工智能领域有着突出能力的专业教师,但在急需人工智能人才的社会背景下,特别是普通高校的师资力量有限,目前国内只有一些顶尖高校开设了人工智能学院或新增了人工智能专业,其中极少数开设了人工智能伦理和素养课程。大部分高校尚不具备及时建设符合时代需求的人工智能特色专业体系的能力,更缺少人工智能伦理素养培育机制。教育也存在自身的发展规律,在开设和新增人工智能专业的基础上要形成一套完备而专业的教育培养体系并非一蹴而就,这就导致现阶段的高等教育体系不能完全满足智能社会的需要。如果高校没有前瞻性和引导性的师资储备,就很难培育和提供社会急需的高素质人工智能人才,人工智能发展和创新的速度必将受到人才的制约。

(二)人工智能对职业教育的挑战

职业教育作为国民教育体系中的重要环节,并非一种地位低于高等教育的低层次教育,两者有着相同的教育地位,互为补充和支撑。与高等教育的培养目标不同,职业教育更加侧重于学习者实践能力和工作能力的培养。职业教育培养的技能型人才对于人工智能的实际应用非常重要,是短平快的发展路径,没有高技能和专业化的职业技术人才,人工智能理论发展得再完善也很难转化为现实的生产力。目前,我国人工智能技能型人才缺口较为严重。2022 年大中专毕业生人数高达 1 076 万,供需的不匹配带来双向压力。大力发展人工智能职业教育,是缓解高等教育人才培养压力、就业压力,满足市场需要的有效方式。职业教育的教育周期短、培养成本低、效益产出比高,可以普遍提高人工智能产业链诸多环节参与者的基本能力。但不得不承认,社会公众仍然固守"君子不器"的传统阶层观念,片面地认为孩子进入职业教育体系,必将与写字楼的白领无缘,成为缺少保障的社会底层,所以对职业教育的关注度和信心不足,更没有对人工智能的职业教育给予足够的重视。正是社会对职业教育的认识误区,使大多数职业教育学校的基础设施、师资力量都相对薄弱,无法实现智能社会人才培养的目标。职业教育是开展人工智能教育的有效平台,在短时间内培育出适合人工智能环境的复合型和应用型人才是职业教育发展的新契机。

(三)人工智能对人才支撑体系的挑战

2021 年 7 月 1 日,习近平总书记在建党 100 周年之际庄严宣告我国全面建成了小康社会。国家需要培养更多的人工智能技术工作者来推动创新驱动的高质量发展,为我国经济注入新的活力,夯实全面小康。总体而言,我国对人工智能技术人才的培养、支持和保护力度还有待提高。在宏观层面,我国人工智能发展环境良好,关于人工智能的国际科技论文发表量和国际发明专利数量位居世界前列,但是缺乏人工智能重大研究成果,人工智能研究的质量还需进一步提高。此外,与发达国家相比,我国缺少人工智能领域的顶尖人才,虽然我国出台了《新一代人工智能发展规划》,但是仍然缺少培育、支持和保护人工智能技术型、治理型和教育型人才的具体措施,缺少对全球高科技人才的吸引力。在区域层面,目前我国人工智能一流建设高校和人工智能相关企业主要分布在北京、上海、广州、深圳等四大超一线城市或者杭州等二线城市第一梯队,人工智能地域发展不平衡。这导致人工智能基础相对薄弱的地区很难有效提升劳动力水平和进行产业结构调整，阻碍了人工智能产业在全国的协调性发展，需要在人工智能的区域层面统筹协调发展，并积极扶持人工智能在基础相对薄弱地区的产业发展和人才培养。在微观层面，我国对于人工智能领域人才的保护力度不够。各大互联网企业过分关注效益和发展速度，推崇“加班文化”，这种对人才的过度消耗不仅加剧了各企业之间的恶性竞争，还严重影响了人才的身体健康和创造力的持续，过劳引起的各类疾病、“中年危机”、职业焦虑容易使创造力早早地枯竭，不利于我国人工智能的健康、可持续发展。

四、人工智能对隐私保护的挑战

（一）侵权主体多元化、侵权客体扩展化

互联网的应用使人与人之间的交流突破了时间和空间的限制，而人工智能又促进了智能终端的普及和智能平台的大量出现，个人信息来源和传播范围更加广泛。智能时代的隐私权侵权呈现侵权主体多元化和侵权客体扩展化的特征。在智能时代以前，隐私权侵权主体主要是个人和组织，其采集的数据量和数据使用范围非常有限，侵权客体主要是权利人的联系方式、身份证号和家庭住址等信息。智能时代催生了各种新奇多样且极具吸引力的App和智能终端，除了注册和授权时要提交个人信息外，人们对这些应用的日常使用和交互也在源源不断地产生新数据，这些数据通过网络被使用该应用的其他用户和推广该应用的企业获取，越来越多的人无意识地被卷入泄露隐私数据的风险当中。在智能时代，个人数据的经济价值日益凸显，由于商业利益的驱使，隐私权侵权主体变得更加多元化，用户数据的拥有者、分析者和使用者都有可能成为人工智能时代隐私权侵权的新主体。[8]隐私权侵权客体也已经从“常规信息”扩展到生物信息以及看似与人们的隐私毫无关系的“碎片信息”，“碎片信息”本身不具有价值，但通过大量分析人们日常生活中的“碎片信息”，可以轻而易举地描绘出个人完整的“画像”，进而严重侵犯个人隐私权。例如：网上购物平台和商家可以通过消费者的消费记录和购物喜好分析出消费者的性别、年龄、工作类型和人生所处的阶段等信息；外卖平台可以

通过消费者的点餐时间和点餐分量分析出消费者是在家还是在公司,是独居还是和家人在一起;支付平台可以通过消费者的消费记录和转账记录分析出消费者的收入情况,进而主动为消费者推荐贷款业务并诱导消费者进行超前消费。近几年大数据"杀熟"的情况屡见不鲜,同一商家的同一款产品根据每个人的消费水平进行不同定价推送。我们处在一个信息爆炸的时代,隐私权侵权涉及信息的采集者、传播者、处理者和使用者,任何环节都有泄露隐私的风险。随着人工智能技术信息获取和信息整合能力的不断加强,数据挖掘水平的不断提高,隐私保护难度陡增,人类隐私权侵权主体多元化和侵权客体扩展化是隐私权保护问题所面临的严峻挑战。

(二)侵权方式和侵权手段隐蔽化

人工智能与互联网信息技术深度融合,在很多时候以不易被用户察觉的隐蔽方式搜集和侵犯个人隐私。同时,数据的采集、存储、传输和处理等各个环节的智能化,给隐私权侵权主体提供了新的技术平台,借助于网络上的免费智能处理软件其就能进行隐私数据处理。人工智能侵权手段越来越隐蔽化、智能化。网页浏览记录、智能终端中的聊天记录和网络上的评论记录等在用户不知不觉间可能就会泄露到云端,而且大部分用户隐私保护意识淡薄,在社交媒体上公布大量私人信息,只顾追求便利的服务体验,无暇阅读隐私条款,或者只顾炫富、秀恩爱、立人设,没有考虑个人隐私数据被窃取的严重后果,这为隐私权侵权行为提供了便利。智能终端通过多个设备之间的相互连接可以自动对用户的隐私数据进行收集,并通过网络上传到云端数据存储系统。使用大数据和数据挖掘技术可以对用户数据进行分析和聚合,使用机器学习可以对用户行为进行分类或预测。通过上述过程,侵权主体好像潜伏在侵权客体身边一样,对客体了如指掌。

另外,人工智能应用中也存在着利用网络爬虫技术获取用户信息数据的现象。网络爬虫是指在遵守一定规则的前提下可以对万维网信息进行自动抓取的程序或脚本。该项技术是为了方便使用者高效获取公开信息,但是爬虫的控制者如果避开需要遵守的规则和限制来抓取用户的隐私信息,甚至在抓取后将个人隐私信息在网上传播,将造成严重的隐私权侵权行为。此外,深度伪造(DeepFake)

技术的出现使得篡改或生成高度逼真且难以甄别的音视频内容成为可能。西方网络媒体上流传的深度伪造视频很多是某国领导人的讲话，这对国家安全和社会稳定都将产生不可低估的影响。美国等西方国家将深度伪造视为重大的国家安全威胁，已在推动相关立法，以阻止该项技术的不当应用。人工智能技术及其应用使隐私权侵权方式更加隐蔽化，侵权手段更加智能化，导致的结果是被侵权的用户甚至都不知道自己的隐私信息是什么时候泄露的，这是人工智能发展给隐私保护带来的巨大挑战。

（三）侵权后果严重化和侵权追责困难化

智能时代以前，互联网隐私权侵权行为已有愈演愈烈之势，人工智能技术的不断发展更是加剧了这种趋势，使得隐私权侵权的后果更加严重化，追责更加困难化。智能时代侵权后果的严重化表现在个人隐私数据的过度收集、非法泄露和非法交易[9]。人工智能互联网化在很大程度上降低了数据收集和处理的成本，各类手机 App 无论是否真的需要用户隐私数据才能够正常使用，都会强制性地与用户签订“霸王条款”，用户只有允许该手机 App 访问和使用通讯录、地理位置、摄像头和麦克风等功能，才能使用该手机 App 的服务。在安装软件的过程中，系统会将用户协议中的“同意”选项故意设计为非常小的字号，更有甚者可以在用户不知情的情况下就打开手机的前置摄像头和麦克风，对用户进行监控。这些过度收集个人隐私数据的行为产生的侵权后果十分严重。一方面，手机 App 提供者可以分析收集到的用户信息，从而推测用户消费偏好，以此达到精准营销的目的。另一方面，手机 App 提供者收集到的用户信息可能会被不法分子获取造成信息泄露，2021 年，Facebook 受到黑客攻击，3 天内泄露了 5.33 亿用户的个人数据，甚至手机 App 提供者可能会主动将用户隐私数据倒卖给其他公司来获取经济利益。生活中我们之所以总是会收到莫名其妙的推销电话和非法链接短信，原因就是我们的个人隐私数据发生了泄露甚至非法交易。近年来，物流公司在流转中的客户信息通过面单泄露，导致不法分子以快递员身份要求收货人退货、转账等，给收货人造成了大额经济损失。

个人隐私数据泄露容易，但追责却存在技术性困境。知情同意原则在当前面临两难的窘境。知情同意原则是在采集数据之前对数据采集对象声明即将要采集数据的内容和用途，只有在征求个人同意后才可以开展数据采集工作。但是，由于采集的数据可以不断进行再利用以及和其他数据进行重组来挖掘数据的潜在价值，因此数据采集者根本无法告知数据采集对象采集到的数据的潜在价值，而且在进行数据采集之前就要求数据采集对象同意挖掘这些潜在价值也是让人无法接受的[10]。此外，隐私权的侵权责任形式不完善。手机 App 获取的个人数据的所有权不明，其到底是属于被采集者还是属于应用服务商，我国还没有明确的规定，即便在用户对自己的隐私进行维权后，这些数据仍然在服务商手中，很难保证服务商不会对被采集者进行二次隐私权侵权。

（四）《中华人民共和国个人信息保护法》有待完善

作为保护个人网络隐私权的专项法律，《中华人民共和国个人信息保护法》（以下简称《个人信息保护法》）自 2021 年 11 月 1 日起施行。该法的出台对网络隐私权保护是重大利好，同时仍然有待完善。

首先，对第三方收集和传播个人信息没有明确的规范。个人信息保护不仅包括处理数据主体与运营商、互联网平台的关系，第三方依法合规地传播已公开信息也是一个亟待监管和治理的领域。不负责任地转发他人个人信息的行为实际上是各类侵害和犯罪的重要推手，其社会危害性并不亚于个人信息的首次泄露。例如，利用网络上已公开信息的拼凑形成的“人肉搜索”，直接导致了各类网络暴力事件和当事人的“社会性死亡”，这些后果几乎不可逆转。

其次，对个人“同意权”的保护不够坚决。在《个人信息保护法》中，关于“同意”的表述多达 28 处，如“处理同意”“撤回同意”“重新获得同意”等。在实践中，大多数个人信息公开的目的和用途不明确，“对个人有重大影响的活动”也很难界定。这就使得个人信息主体的“同意权”在法律保护上遇到困境。用户对“隐私政策”难以真正行使拒绝权；告知同意机制偏重于数据收集环节，难以适应大数据处理的发展要求。

再次，忽略了“时限”对网络信息的重大意义。《个人信息保护法》明确规定了信息处理者的删除等义务，但是通篇没有对相关类别的各项义务做时限规定。虽然在《中华人民共和国民法典》和《中华人民共和国刑法》中,有关于减小损害的时限规定,但是这些基于现实社会的时限相对于虚拟空间的信息传播速度而言,明显偏长。这就为信息处理者履行义务留下了充分的选择性空间,影响了义务的强制性效力。

最后,个人信息保护的生态系统不够健全。在实施《个人信息保护法》的同时,应从法律群协同的角度,加紧部门法的修订,实现个人信息的综合保护、明确组织处理人和个人处理人的双向责任、加快软硬件基础设施的配套建设、加强个人信息保护自觉意识的培育。监管部门也应进行角色转换,从监督和管理的角色转向个人信息保护生态系统构建和维护的角色,这将有助于从根本上解决个人信息保护与国家利益、社会利益和商业价值之间的矛盾。

五、人工智能全面超越人类的挑战

早在人工智能发展初期,就有研究学者提出了人工智能将超越人类的问题。1965 年,英国数学家欧文・古德提出了"智能爆炸"的假设:"假定一台超级智能机器能够超越任何人类智力活动。由于设计机器本身就是智力活动之一,那么这台超级智能机器可以制造更好的机器。毫无疑问,这将会是一次'智能爆炸',人类的智能将远远落后于机器。"1993 年,美国科幻作家弗诺・文奇将上述超级智能机器超越人类智力的时刻称作"技术奇点",并认为"技术奇点"的到来意味着人类时代的结束,最终超级智能机器将以人类无法理解的速度不断迭代进步。2005 年,雷・库兹韦尔在其著作《奇点临近》中进一步将"技术奇点"阐述为"奇点理论",并预测"奇点"将在 2045 年到来,人类与机器融合的新物种将会取代现在的生物人。除此之外,也有人产生了对人工智能终极威胁的忧虑,即对人工智能超越人类智能并接管世界的忧虑。技术一旦被插上资本的翅膀,就可以永不停歇地飞翔。人工智能的学习速度是人的几何倍数,战胜李世石的 AlphaGo 用 17 分钟就可以学习几万个棋谱。人工智能不仅可以在围棋、国际象棋这样的纯智力游戏中战胜人类的顶级高手,在场景极其复杂的空战中也能获胜。[11] 人工智能自诞生后依次经历了推理与搜索时代、专家系统时代和机器学习时代,其智能化水平不断得到质的突破,人类智能与人工智能相比似乎在众多领域处于弱势,很多人认为,雷·库兹韦尔预言的奇点似乎正在逐渐降临,人类面临着被人工智能全面超越的风险。

(一)人工智能能否全面超越人类的两种论断

从机器学习悄然兴起到深度学习打破沉寂,关于人工智能能否全面超越人类社会上出现了两种论断:否定说和肯定说。虽然赞成否定说的人占据大多数,但人工智能能否全面超越人类还是未知数。

否定说。研究人员认为人工智能不能全面超越人类的原因主要有两个方面:技术上存在障碍和道德伦理上存在难关。[12]

从技术角度来讲,人工智能只能模仿人类左脑的逻辑功能,而不能模仿人类右脑的非逻辑功能。这是因为人工智能继承了计算机中的"0"和"1"二值逻辑,而基于二值逻辑进行编码的人工智能无法理解语义双关,也无法理解人的语言及动作是表面意思还是一种行为上的隐喻。此外,人的大脑由将近一千亿个神经元构成,这些神经元之间形成了难以描述的复杂网络,我们只有理解每一个神经元的功能,揭示人脑中复杂神经网络的运行机制,才能解释整个大脑的精神活动。但目前人类连简单线虫的神经传导通路都未能给出清晰的解释,而人脑比简单线虫复杂几十亿倍,所以要研究与人脑相媲美的人工智能尚需时日。从技术可能性的角度来讲,人工智能与人类智能之间不可等量齐观,两者之间存在一道无法逾越的技术鸿沟。

从道德角度来讲,人工智能无法撼动人类的主体性地位,而只能作为主体人的工具和补充。人工智能要想成为类似于人的主体并全面超越人类,存在两道伦理道德上无法攻克的难关。第一,人工智能不可能与人类具有平等地位。人类或许会出于共情,赋予人工智能一定的权利,但是,无论人工智能有多高级,始终不能打破人与物的界限,从而不能具有与人类同等的地位。人工智能在诞生之日就已经定性,人工智能只能作为人类的工具,发展人工智能的初衷是更好地方便人类自己和推动社会的发展[13]。试想一下,当人类与人工智能的生存出现冲突时,人类是否愿意牺牲人类这一物种来换取人工智能的继续生存呢?答案是否定的。

如果有人主张改变人工智能作为人类工具的地位，使其达到和人类平等的地位，这不仅与人类的根本利益背道而驰，还会打破道德的功能是维护人类利益这一基本宗旨，因此这种主张是反人类和反道德的。第二，人工智能从原理上不可能具有与人类相同的内心世界。人的尊严在于心灵活动的隐私性和不可触摸性。任何洞悉个人内心世界的行为都被视为对个人尊严的一种践踏。人工智能的发展在技术的实现和人性的可达方面存在一种两难的境地：我们要想保证人工智能的安全性，必须做到人工智能的透明性设计，但是这种透明性设计反过来又会窥探人工智能的"内心"世界。因此，从道德伦理上来说，人工智能不可能在真正意义上具有与人类相同的主体地位，更不用说全面超越人类。

肯定说。研究人员认为人工智能将全面超越人类的原因主要有以下两个方面[14]。

第一，人工智能同样可以拥有意识和情感。人类对脑科学的研究不断深入，未来有望阐明大脑的物理结构、构造原理，并阐明大脑的物理工作与意识之间的对应关系。近年来，人们对大脑的研究不断深入，日本京都的 ATR 大脑信息通信综合研究所使用功能性磁共振成像技术，测量人看到图像时的大脑活动信息，以得到的数据为基础重现被实验者看到的图像。此研究表明，如果未来分辨率继续提高，无论被实验者看到什么图像，都能从外部被窥探得到。可以预见，随着人脑技术的不断发展，大脑所有神经元之间的触发情况和配线结构在未来都将被弄清楚。驱动人类做决定的是神经元的触发而并非意识，意识只是神经元的"俘虏"。在心理学领域研究者做过这样一个实验：一方面，可以随时活动手指的被实验者需要看着表记录自己决定活动手指的时间，这个时间记作意识决定活动手指的时间；另一方面，被实验者头部安装了用来测量大脑运动准备电位的电极，通过测量这个电位能够得到神经元触发决定活动手指的时间。该实验表明，意识决定活动手指的时间比神经元触发决定活动手指的时间慢了 0.3 秒左右，也就是说真正影响人类做决定的是神经元触发，意识只是伴随神经元触发和大脑活动而存在的一种附庸。情感也并非生物所特有，而是伴随生物智能化水平的提高而产生的。人们总是以为只有人类和动物才拥有情感，机器不可能存在情感，但是事实好像并非如此。刚出生的婴儿便会哭泣，哭泣可能是因为他感到孤独或者其他原因，但绝不是因为“悲伤”,因为人类悲伤的情感到小学时期才会获得。这样看来,人类的情感是随着智能的发展而产生的。随着人工智能研究的不断深入,人工智能将产生更多新的情感,甚至可能拥有比人类更深刻和更优越的情感。因此,用人工智能不能拥有意识和情感的观点来反驳人工智能全面超越人类的判断是站不住脚的。

第二,人工智能全面超越人类是人类进化和社会发展的必然结果。从人类的发展历程来看,科学技术的进步伴随着人类的进化,人类这一物种要想永久保留和生存下去,必须持续推动科学技术的进化。人类从十多万年前就已经进入了生物进化的终点,迎来了科学技术进化的起点,但这并不代表人类的生物进化就此停止,只是进化的主轴向科学技术发生了转移。生物进化和科学技术进化旨在保存人类这一物种,生物进化是被动的、随机的和低效的,科学技术进化是主动的、有目的性的和高效的。生物进化常常通过改变自身生物性状来提高自身对环境的适应能力,科学技术进化常常通过改变环境使其适应自身生物性状。例如,人类为了在寒冷的天气中生存下去,生物进化可能会使得自身的体毛变厚,科学技术进化会选择穿上保暖的兽皮甚至建造房子。很明显,科学技术进化相比于生物进化对保存人类这一物种的目的更有力。如果单靠生物进化来抵抗陨石撞击地球和火山喷发等环境变化,人类不可能很好地生存到现在。因此,人类这一物种要想永久保留和生存下去,必须持续推动科学技术的进化,包括人类目前正在研究的人工智能技术。

人工智能诞生至今尚不到百年时间,人工智能在许多闭环条件下的应用已经超越人类几万年发展而来的智力,例如,人工智能下围棋的水平已经远远超过人类,其计算能力超越人类毋庸置疑。奇点时代的预言者雷・库兹韦尔说过:“奇点时代将在2045年来临,并且那时用1 000美元买来的计算机,其智能将超过所有人的智能总和。”因此,不管人工智能能否超越人类,从进化的角度来说,我们不能阻止人工智能不断向前发展,从技术发展的速度来说,人类智能的发展速度远不及人工智能的发展速度。基于上述两点,如果人工智能能够全面超越人类,本质上是人类进化和社会发展的必然结果。

（二）人工智能全面超越人类所带来的威胁

当人工智能全面超越人类之后，人类将面临一些无法逃避的问题，这将对人类生存构成重大威胁，有学者把人工智能威胁分为三种类型：工具性威胁、观念性威胁和生存性威胁。如何应对人工智能全面超越人类后的上述问题是全人类共同面临的挑战。[15]本书则认为人工智能全面超越人类会带来趋势性威胁、想象性威胁和融合性威胁。

① 趋势性威胁。目前已经投入战场实战的察打一体无人机、隐形无人机在某种程度上已经成为伤害人的一种工具。在阿塞拜疆和亚美尼亚的纳卡冲突、俄罗斯对乌克兰的特别军事行动中，无人机躲避雷达监控和精准打击的作用发挥得淋漓尽致。如果说无人机只能算是非自主武器，那么“自主武器”是人工智能趋势性威胁的例证。2013 年，红十字国际委员会武器处负责人凯瑟琳·拉万德在“完全自主武器系统”研讨会上将自主武器定义为“可以根据自身所部署的环境中不断变化的情况，随时学习或调整运转的武器”。自主武器区别于自动式武器和无人驾驶类武器，真正的自主武器能够在无人操纵和无人干预的条件下，实现对目标的搜索、识别以及最佳攻击方式和方法的自主思考与实施。需要说明的是，目前此类完全自主武器仍处于理论研究阶段，并未得到开发，更未在军事应用中进行部署。但是，由于人工智能具有全面超越人类的可能性以及自主武器与人工智能的日常化应用并无实质性区别，因此人们对自主武器产生了深深的担忧。

首先，自主武器将大幅度降低战争门槛。在人工智能技术的支持下，原本需要大量军事人员才能运转的武器装备将仅需少量人员便能发挥其军事效果，而且免去了传统武器的使用培训。短期来看，自主武器可以显著增强一个国家的军事实力，但长期来看，自主武器会缩小世界各国和各地区的军事差距，很容易给恐怖主义可乘之机，恐怖主义凭借自主武器能更加便利地发动恐怖袭击。

其次，自主武器容易引起军备竞赛。自主武器在战场上发挥的作用很可能与核武器相当，而且自主武器对原材料的依赖远远小于对技术的依赖，一旦掌握相关技术就可以实现大规模量产。因此，自主武器在未来战场上的作用不容小觑。针对这一威胁，斯蒂芬·霍金、埃隆·马斯克、史蒂夫·沃兹尼亚克、诺姆·乔姆斯基等在第二十四届人工智能国际联合会议上共同签署了《自主武器：一封来自人工智能与机器人技术研究者的公开信》，其明确指出了军事人工智能的研发可能会产生与核武器类似的威胁，并要求全面禁止自主武器的研发。尽管如此，国际社会对自主武器的管制并未形成合力。

最后，自主武器将给国际人道主义带来挑战。加利福尼亚大学伯克利分校的顶级人工智能专家斯图尔特·罗素认为，在军事战场上使用自主武器是非人道的，赋予人工智能自主攻击和伤害人类的能力将为人类安全带来毁灭性挑战。这意味着作为工具的自主武器拥有伤害人类的权力，这与国际人道主义精神不符。这些趋势性威胁都有较大的概率转化成现实威胁。

② 想象性威胁。相比于基于现实的趋势性威胁，还存在基于想象的威胁。一些人认为，人工智能全面超越人类后还会危及人的生命存在。随着未来通用人工智能和超级人工智能的实现，智能体将成为一种源于人类但却优于人类的生命形态。这种人工智能具有与人类一样甚至更加发达的智能系统、情感系统和意志系统，它们不但熟悉和了解人类，对人类的生活习惯和行为规律了如指掌，而且拥有比自然人更强的能力，从而会控制甚至灭绝人类，这是一种最令人类担忧和恐惧的威胁。对人类而言，这将是一场灾难。人工智能对人类的生存性威胁按照威胁程度可以分为人工智能接管人类和人工智能灭绝人类两种形式。

人工智能接管人类是指人工智能全面超越人类后对人类在地球上的地位的一种取代。人工智能成为食物链最顶端的物种，接管原本人类控制的一切资源。实际上在目前阶段，人们已经在就业方面感受到弱人工智能逐渐取代人类工作，直接造成了技术性失业和产业后备军的形成。在通用人工智能和超级人工智能可以实现的未来，智能体不再需要进行改动和重新设计就能适应和面对新工作任务，形成通用智能，届时智能体将从劳动上完全取代人类，使人类文明的进步发生停滞。人工智能也将不断了解和掌握人类的软肋，逐渐脱离人类的控制，甚至可能站到人类的对立面，逐步实施对人类的控制和奴役，人类与人工智能的地位发生扭转，人工智能将掌控地球文明的发展方向。

还有学者认为，当人工智能接管和取代人类并视人类的存在不必要时，人工智能就会考虑灭绝人类。英国西英格兰大学的电气工程教授艾伦·温菲尔德在

2014年提出："假如我们造出了和人类相当的AI，假如这部AI明白了自身的工作原理，又假如它能将自己改进成具有超级智能的AI，再假如这部超级AI出于无意或恶意开始消耗资源，还要假如我们没能拔掉它的插头，到那时，我们才可能遇到麻烦。这种风险不是没有，只是概率甚微。"[16]牛津大学人类未来研究所所长尼克·博斯特罗姆教授在《超级智能》一书中将超级人工智能的创造作为人类灭绝的一个重要因素。他在2003年提出了著名的"回形针最大化"思维实验，通过该实验阐述了人工智能导致人类灭绝的整个过程。在该实验中，存在一种强人工智能，它们需要尽可能多地收集回形针，当强人工智能与人类的智能化水平差距不大时，强人工智能会选择工作赚钱来购买回形针。随着人工智能的"智能爆炸"，它们会不断迭代升级，最终其智能化水平将远远超越人类。在此期间，它们会意识到人类的存在会阻碍它们收集更多的回形针，而且人类躯干中的碳水化合物含有制造回形针的材料所需的原子，人工智能会选择消灭人类，以一种更加便捷、有效的方式完成自己的任务。这个实验说明，即使人工智能刚开始没有伤害人类的非分之想，但是随着其智能化水平不断提高，人工智能会产生伤害人类的想法，最终威胁人类生存。[17]

人类曾在七万年前进行了第一次认知革命，人类大脑发生了结构性的改变，从而导致人类产生了新的认知能力，同时也成就了"智人"在地球上的统治地位。著名科技人文类著作《未来简史》的作者、以色列的青年历史学家尤瓦尔·赫拉利认为，随着数据主义的盛行和算法的不断优化，人工智能必将超越人类智能，这时将开启第二次认知革命，人类也将从"智人"过渡到"神人"，社会上层的精英和富人将率先利用生物技术、纳米技术等让自己成为人机深度融合的"神人"。"神人"的出现将使人类发生第一次生物意义上的不平等，社会上普通且占大多数的"智人"与人机深度融合的"神人"相比在生物进化的过程中处于"落后"物种的劣势地位，这是非常可怕的。"神人"不仅在躯干上与"智人"有所差别，在大脑的结构上也会有所不同，从而像人类曾经历的第一次认知革命一样，大脑结构性的改变将导致新的认知能力产生。一方面，"神人"与"智人"对世间万物认知能力的不同将导致两者的观念产生差异，甚至会导致两者向着不同的方向进化。另一方面，"神人"在获得相对于"智人"的物种优越性后，很难摆脱优越性的束缚，会将该优越性不断延伸至“神人”与“神人”之间,社会矛盾也会更加突出。我们不能低估人工智能的想象性威胁,这些接近直觉的假说是科学发现的温床。只有做好足够的预案,才能让智能时代造福人类。

③ 融合性威胁。自计算机产生以来,人机交互就随着科技的进步而不断发展,经历了巨大的变化。在智能化社会中,人工智能与人类的交流互动方式不断更新,并且越来越丰富多样,人们需要适应和掌握各种交互类型。未来的人机交互将实现虚拟现实交互、体感和手势交互以及脑机交互等多种交互形式,有人甚至预言,随着7G时代的到来,人可以默不作声地和计算机对话,机器能通过脑电波获取人的想法。以智能体为中介,人能实现与猫、狗的对话。随着交互的深入,大概率会出现人机物理和精神上的融合。届时,人们通过各种增强技术,如物理增强、生物增强、神经增强和智能增强等,将人工智能与人类自身进行无缝“嫁接”和融合,人类也不再是传统自然进化意义上的生物人,而是与人工智能一起构成人机混合生物。人机混合生物这种存在形式必将对人类自然进化的生存性观念产生巨大冲击和威胁。

人机混合的超人类主义与普遍为人们所接受的人文主义之间严重对立。超人类主义主张开发各种可用技术来消除痛苦、疾病、衰老和死亡等不利于人类生存发展的消极问题。超人类主义认为我们的躯体能够活几百年以及可以将我们的意识“下载”到多个躯体中从而实现人类的永生。脑机接口貌似已经开启了这样的新篇章。脑机接口的基本工作原理是:当被试者受到外部的刺激或者大脑进行某种思维活动(如产生某种动作意识)时,其神经元的电活动会发生相应的变化,这些被动或主动的神经响应形成了不同的脑电时空尺度模式。通过脑电信号的采集和处理,这种变化可以被检测出来,并形成特征信号,通过对这些特征信号进行模式识别,即可把人的这些思维活动翻译为外部设备的控制命令,直接来控制外部设备,如字符输入、电灯开关、假肢运动等,从而使具有功能障碍的用户能够直接与外部环境进行交流。

2022年,特斯拉首席执行官埃隆·马斯克表示,人们可能会把他们的“个人意识”复制到特斯拉正在开发的人形机器人上,这种机器人在2023年可能会进行适度规模的量产。瑞典一半以上的人表示愿意把芯片植入手指代替身份证,而且很多公民已经做了尝试。这与我们普遍所接受的人文主义思想相违背，人文主义主张自由平等和自我价值，强调人性与尊严。就人的身体技术化而言，这与中国的传统道德背道而驰，《孝经》中将“身体发肤，受之父母，不敢毁伤”视为行孝之始。当人类有能力对身体进行技术改造或设计时，我们正确把握传统道德律令与时代发展，守正创新，是培养人工智能伦理素养必要性的深刻体现。马丁·海德格尔对人的思考或许可以让我们更深刻地认识到这种融合性的危险：“人之为人的方式和样式，亦即人之为其自身的方式和样式；自身性（selbstheit）的本质方式，这种自身性绝不与自我性（ichheit）相等同，而是根据与存在本身的关联而得到规定的。”[18]可是今天，“何以为人”作为人文精神的基石正在被撼动。

第二章

守正创新:马克思主义对智能社会的回应

新一代人工智能的高速发展,成为第四次工业革命的重要变革力量。人工智能不但深刻地改变了人的生存方式,而且对社会的发展提出了前所未有的伦理挑战。最先对这些挑战予以回应的是欧美学界和研发企业。人工智能作为科技进步的一部分,同样具有政治性、历史性和价值性。适应中国基本国情和发展现实的人工智能伦理要充分发挥马克思主义对时代前沿问题的引领性和话语权,坚持用马克思主义的立场、观点、方法来正本清源、明辨是非,回应人工智能伦理挑战的现实问题,实现人、人工智能、社会、自然的和谐相处。

怎样在人工智能的使用伦理中界定人机关系,在设计伦理中解决算法歧视、实现道德编码,在责任伦理中确保安全,在发展伦理中正确看待人工智能超越人类的可能性以及全球人工智能竞赛,是与关键技术突破同等重要的时代课题。在回应人工智能伦理挑战的探索之路上,休谟、海德格尔、维特根斯坦等著名哲学家的理论分别成为研究智能本体的"宝典",融入智能时代的"导言"。但马克思主义认为,道德也是一种意识形态,没有超越阶级的道德,"一切以往的道德归根到底都是当时社会经济状况的产物"[19]。社会制度的不同必定体现在伦理道德准则上,所以对人工智能伦理挑战的回应既有基于技术的"共性思考",又不能用技术掩盖价值上的"个性思考"。适应中国基本国情和发展现实的人工智能伦理只有坚持和运用马克思主义的世界观和方法论,才能趋利避害,指导和规范人工智能作为先进生产力真正地服务于人民，造福于社会，增进人类的共同福祉。

一、马克思主义哲学对人机关系的回应

一些国家有了“养老机器人”“女友机器人”，并给机器人国籍，使得数字人格和自然人格的界限正在渐渐模糊，怎样定位人机关系？在人们广泛关注的就业问题上，人工智能不仅能够替代机械性劳动，还能够进行写诗、编程等创造性工作，怎样看待人和机器的就业竞争？大规模人工智能的使用让人有了更多空闲时间，人类会不会就此沉迷于感官刺激、网络游戏，产生对智能的过度依赖，导致自身异化？在马克思主义的经典著作中，对此虽然没有明确的答案，但是能够找到解决这一系列问题的要旨和方法。

（一）用“人的本质”揭示人工智能的本质

从人的本质来看，不能将人工智能与人等同。不得不承认，人工智能在现在和未来都有可能创造更伟大的价值、与人进行更多的情感交流、在越来越多的方面替代人类，与人之间形成了超越一般物与人的社会关系。从社会关系的角度考察人工智能的本质，确定人工智能是“人”还是“物”时，首先应该明确人的本质。马克思主义认为，“人的本质不是单个人所固有的抽象物，在其现实性上，它是一切社会关系的总和”[20]。进一步讲，“本质只能被理解为类，被理解为一种内在的、无声的、把许多个人自然地联系起来的普遍性”[20]。据此，把人工智能作为一个群体考虑时，人工智能之间不存在普遍联系的社会关系，只是片面地执行某种任务或提供某种服务，所以人工智能不具备法律上的人格，也就无从谈及国籍。在《〈黑格尔法哲学批判〉导言》中，马克思阐述了人的本质理论，认为“人的根本就是人本身”，如果将人工智能等同于人，但是人工智能可以随时用其他算法、功能相同的同类物替代，所以它不可能是其本身。

从意识的本质来看，不能将人工智能与人等同。恩格斯在《反杜林论》中指出：“如果要问：究竟什么是思维和意识，它们是从哪里来的，那么就会发现，它们都是人脑的产物，而人本身是自然界的产物，是在他们的环境中并且和这个环境一

起发展起来的;这里不言而喻,人脑的产物,归根结底亦即自然界的产物,并不同自然界的其他联系相矛盾,而是相适应的。”[21]从物质第一性的角度看,即便机器识别在模仿视觉,语音识别在模仿语言,神经网络在模仿人脑,但在大脑输出意识的机制机理没有被破解之前,只能是功能的模仿,而无法形成能力的复制。马克思主义可以明确地回应,目前人工智能还没有思维和意识。辩证唯物主义对“意识”的科学界定在于,“意识严格说来只是在存在物的类成为存在物的对象、本质的地方才存在”[22]。也就是说,人工智能只有把自己的“思维”作为研究对象才能说明其有“意识”。“人则使自己的生命活动本身变成自己意志和自己意识的对象”[23],人工智能通过统计概率和算法进行深度学习、推理而产生的“意识”,从根本上讲是基于数学和计算机符号的“形式逻辑意识”,人工智能同计算执行的是相同的功能,在某些可计算的领域超过人类,但是只要给人足够长的时间,智能能够完成的计算,人同样可以完成,只是速度更慢。“实际上,沃尔夫拉姆曾经说过,大多数复杂的物理系统,从天气系统到脑,如果它们可以做得无限大,存在无限久,那么它们都可以成为通用计算机。”[24]也就是说,人理论上可以替代人工智能。但人工智能还无法替代人,无法将情感、价值、意识形态等因素融入自我意识中。已知的人工智能都不能把自身作为研究对象,进行分析、反思和再创造。人的意识不仅能计算,还有情感、价值、意识形态的部分。道德、宗教、形而上学和其他的意识形态直接发端于物质生产和人们的交往,而且“直接交往的最遥远的形态——所有制”直接决定了社会的主流意识形态按照自身发展规律,发生能动的反作用时,对意识产生影响。人工智能与物质生产、人们的交往以及所有制都没有直接的因果关系。可以说是有意识的生命活动把人同动物以及其他存在物区别开来,并且因为这一点,人的活动才是自由的活动,人工智能还没有实现自由意识和自由活动。

从人的实践性来看,人工智能同样不能与人等同。马克思认为:“人处在一种对作为满足他的需要的资料的外界物的关系中。但是,人们决不是首先‘处在这种对外界物的理论关系中’。正如任何动物一样,他们首先是要吃、喝等等,也就是说,并不‘处在’某一种关系中,而是积极地活动,通过活动来取得一定的外界物,从而满足自己的需要。”[25]与此同时,一方面实践活动造就各种具体的社会关系,另一方面这些社会关系一旦形成便又成为人们进一步进行实践活动的条件,限制着人的实践活动。马克思说:"为了进行生产,人们相互之间便发生一定的联系和关系;只有在这些社会联系和社会关系的范围内,才会有他们对自然界的关系,才会有生产。"[26]实践作为自觉的、能动的生命活动,在人与自然、人与社会的交互作用中,既改造了外在自然与社会,实现人自身力量的外化,又使人获得了规定性,使人的本质得到彰显。而人工智能是由工程师设计的软、硬件结合体,其运行和维护的基本"物质需要"完全是被动给予的,而不是积极主动地向外界争取,除了满足人的需要,其并没有自己的需要。人工智能即便没有参与实践,仍然不影响其成为智能体。人工智能是人的行为能力的延伸和补充载体,只有通过人在尊重客观规律的基础上,不断地实践和探索,人工智能才能逐渐完善,从根本上讲,人工智能越完善,代表人最大限度地满足自身需求的能力越强。

综上所述,人工智能目前无法与人等量齐观,人与人工智能之间仍然是人与物的关系,是传统人机关系的一部分。人类在劳动过程中,不断地改造着自然和人类本身,不可避免地要与劳动对象发生联系,人与劳动对象、劳动工具之间的关系都是人机关系的一部分,只是这种关系的紧密度有较大的差异。卡内基梅隆大学机器学习学院院长曼努拉·维罗索教授认为,将来人类与智能系统将是强联系类型的关系,两者不可分割、紧密结合,不断交互信息,她称这种关系为"共生自治"。维罗索预测,将来人类代理与自动化助理之间将很难区分,人类与人工智能将相互依存。

马克思主义理论虽未对人工智能下准确的定义,但是从人的本质、意识的本质和人的实践性等角度出发,可以清晰地呈现人与人工智能的本质区别。确立正确的人机关系,是建构人工智能伦理的基础性和决定性因素,人工智能伦理的唯物性和辩证性由此展开。

(二)用"劳动过程理论"确定人工智能的"物"性

在劳动创造价值的过程中,马克思主义认为:"劳动过程首先表现在人与自然之间,它以人自身的活动引起、调整和控制人与自然之间的物质变换。"[27]人类进入智能时代后,劳动的具体形式更加丰富多样,和智能、网络相关的工作越来越多,"它是劳动者利用网络化、智能化的劳动工具在虚拟空间中对数字化或符号化中介进行对象性构建的活动"[28]。在虚拟劳动中,劳动者通过自己的劳动(主要是脑力劳动),借助于网络化、智能化、数字化的劳动工具,对数字化、符号化的劳动对象进行对象性构建。在这一过程中,劳动工具与劳动对象仍然属于生产资料,因为不论劳动工具的功能多么强大,其都需要有人操控、使用才能发挥作用,才能对劳动对象进行构建,同时,生产资料的使用寿命在劳动过程中会发生消耗,再先进的电子设备也有使用时长的限制,生产资料在工作过程中发生并完成价值转移。实体劳动被虚拟劳动取代的背后是智力劳动者的抽象劳动在产品中的凝结。

马克思认为:"像其他一切发展生产力的方法一样,机器是要使商品便宜,是要缩短工人为自己花费的工作日部分,以便延长他无偿给予资本家的工作日部分。"[29]人工智能作为生产工具在各领域的普遍应用,大大提高了劳动生产率,它不仅没有提升商品的价格,反而让商品的价格出现下降,例如,西班牙的人工智能谱写的曲子被伦敦交响乐团采用,比知名作曲家谱写的曲子便宜很多。"机器总是全部地进入劳动过程,始终只是部分地进入价值增值过程。它加进的价值,绝不会大于它由于磨损而平均丧失的价值。"[30]人工智能产品与传统机器产品相比,是基于算法和软、硬件基础成型的产品,其核心的成本一小部分在硬件,但一大部分在高端人力资源的设计和开发,所以它的磨损不是指代硬件,而是指代其他研究团队对算法的改进和产品的快速迭代、淘汰,这是人工智能和其他电子产品共同的磨损规律。与智能相关的产业在创新产品面世的时候,有比较高的利润,但是随着市场上同类商品的增加,价格逐步回落,利润空间变小,所以智能产品的研发创新是生命力,其对高端智力的大量需求以及高强度的工作表明,智能机器只是在改变就业的结构,而真正创造价值的仍然是人,而且是具备一定知识水平并进行科技创新的劳动者及其辅助者。

马克思深刻地揭示了生产工具、生产力和生产关系之间的内在逻辑,看似是人和人工智能的就业竞争,实际上是生产工具的进步推动了生产力的发展,对生产关系提出了新的要求。此外,正如马克思在《德意志意识形态》中阐述的那样,私有制被废除后,机器为了人类的美好生活而工作,而不是为少数阶级的利益服务，随着机器的技术水平提升，机器能带来丰富的资源，不仅能给人提供替代选择，还能通过社会财富的扩大供给，解决物资匮乏问题，避免争夺必需品的现象，进一步增进社会和谐。

（三）用“不变资本和可变资本理论”揭示“人机竞争”的本质

既然人工智能的本质仍是“物”，就应遵循人和机器的关系。马克思通过对社会发展规律的前瞻性观察，在某种意义上预见了智能时代的到来：“自动机是由许多机械器官和智能器官组成的。”[31]这个“智能器官”的外延完全可以延伸到如今的人工智能，而且“器官”就其功能而言，要比“组成部分”更具有不可分割的价值。机器“是人的产业劳动的产物，是转化为人的意志驾驭自然界的器官或者说在自然界实现人的意志的器官的自然物质。它们是人的手创造出来的人脑的器官，是对象化的知识力量”[32]。这进一步说明了马克思没有设定机器进步的上限，不排斥机器在某种程度上对人的超越，并已经将其与人脑的工作联系起来，所谓“人脑的器官”就蕴含了机器的无限可能性。即使人工智能的出现晚于《资本论》的出版近一个世纪，但是人工智能作为人的高级生产工具、劳动资料，依然遵循劳动价值的基本规律。马克思主义认为机器作为劳动资料，只具有使用价值的属性，成为资本的一部分，而不是价值的一部分：“在机器中，尤其是在作为自动体系的机器装置中，劳动资料就其使用价值来说，也就是就其物质存在来说，转化为一种与固定资本和整个资本相适合的存在，而劳动资料作为劳动的直接手段加入资本生产过程时所具有的那种形式消失了，变成了由资本本身规定的并与资本相适应的形式。”[31]

对马克思的资本有机构成理论进行分析，可以发现人工智能的发展对就业有一定的副作用。马克思在资本有机构成理论中认为，资本由不变资本与可变资本共同构成，不变资本由生产资料的价值决定，可变资本由劳动力的技术决定，其中决定并且反映技术构成变化的资本价值构成叫作“资本有机构成”，科学技术的进步会导致不变资本的增加和可变资本的减少，即导致资本有机构成的提高；[33]资本有机构成的提高要求劳动力具有更高的技术水平，从而进一步导致资本对劳动力的需求减弱，低技能的劳动力人口过剩而被迫失业，形成产业后备军。按照马克思的资本有机构成理论，我们可以得出劳动力的失业率与资本有机构成呈现正相关。因此，随着人工智能技术不断发展和进步，失业情况将会更加严重。全球最大的会计师事务所普华永道预测，到2030年，英国容易被人工智能机器替代的岗位将达到30%，德国这一比例可达35%，美国这一比例可达38%。上述预测与马克思资本有机构成理论的论述相吻合。

更糟糕的是，资本有机构成的提高还可能引发经济危机。马克思指出，市场经济环境下导致经济危机的直接变量是资本有机构成的不断提高，科学技术的进步会导致不变资本的增速大于可变资本的增速，工人的劳动力价值下降、收入降低，进一步导致市场消费能力降低而生产相对过剩，进而爆发经济危机。每一次技术的突破性进步都会带来无数的就业岗位，在解决此次经济危机的同时，也为下一次的经济危机积蓄更大的能量[34]。以人工智能为核心的第四次工业革命也不例外，其带来技术进步的同时，也隐藏着形成经济危机的风险。

在第一次工业革命中，蒸汽机的出现代替了人们的手工劳动；在第二次工业革命中，内燃机和电力的出现给机器带来了更加高效的动力和能源；在第三次工业革命中，电子信息技术的发展使得机器的自动化水平不断提高。每一次工业革命都会对人们以往的工作方式产生巨大冲击，各个行业岗位的准入标准对技术的要求也在不断提高，人们很容易面临技术性失业的窘境。新一代信息技术革命在提高工作效率的同时也在逐渐替代人类的决策和思维。人工智能在创造工作岗位的同时也在取代更多的工作岗位，并且会形成“螺旋效应”[35]，即“新”的人工智能技术不断替代“旧”的人工智能技术所创造的工作岗位，如此不断重复，人们面临的技术性失业风险不断增大。在创造生产价值方面，人类的血肉之躯与更加智能化和灵巧化的人工智能机器相比似乎略显笨拙，处于竞争的劣势地位。总之，人工智能将替代的工作岗位的种类和数量远比其所创造的更多，这将是一个不可逆转的大趋势。

（四）用“人的自由和全面发展理论”解决就业和“异化”问题

用马克思主义劳动价值论可以看到人工智能替代人类工作的负面影响，但从马克思的人的自由和全面发展理论，更应该看到其正面效应。马克思认为，在资本主义条件下，机器的使用不仅会减少就业机会，还会带来人的异化。在大工业时代，各种先进机器的使用不仅没有改善工人的生活，反而使人成为机器的奴隶，这不是机器本身带来的“劳动异化”“人的异化”，而是由资本主义私有制决定的。在消灭了资本主义私有制的科学社会主义阶段，人不仅不会因科技的发展而被异化，反而会因为科技的应用，迎来自由而全面发展的阶段。人逐步摆脱繁重的劳动，有时间、有物质条件向自由而全面发展迈进，是人进一步强化主体地位的历史契机。马克思还对人类社会的发展阶段进行了明确的划分：“人的依赖关系（起初完全是自然发生的），是最初的社会形式，在这种形式下，人的生产能力只是在狭小的范围内和孤立的地点上发展着。以物的依赖性为基础的人的独立性，是第二大形式，在这种形式下，才形成普遍的社会物质变换、全面的关系、多方面的需要以及全面的能力的体系。建立在个人全面发展和他们共同的、社会的生产能力成为从属于他们的社会财富这一基础上的自由个性，是第三个阶段。”[36]毫无疑问，智能时代正处在从第二个阶段向第三个阶段过渡的时期，正是人的自由和全面发展具备了初步条件的时期。

人工智能大发展的时代，正是中国全面建成小康社会的时代，是全面建设社会主义现代化国家的新时代。虽然还无法实现上午“狩猎”、下午“捕鱼”、傍晚“畜牧”、晚上“批判”的自由，但人完全有能力减少对人工智能的过度依赖，避免动手能力和思考能力的下降和退化，根据个人兴趣发挥创造性潜力。在马克思看来，创造性工作的潜力让人与其他动物相区分，并且能够在共产主义的高级阶段实现。但这种创造性不是在某一时刻自动实现的，而是来自人在实践中长期的积累。在社会主义条件下，国家和社会保障人的全面发展，推动人的体力、智力及思想道德等方面的全面发展，激发人在社会众多领域的才能和创造力，使其不断适应新的岗位要求。除了市场的自发调节外，国家会通过新基建和数字经济的发展，不断设置新岗位。人工智能可以实现社会资源的极大富足，人不必再为自己的生存而忙碌，将有更多的空闲时间去发展自身。国家可以将社会资源进行按需分配，全面推动社会主义的发展。

人的主体地位是在认识和改造外部世界的实践活动中形成的，同时通过实践活动体现并确证人的能动性、创造性。在国家、社会充分保证个人自由和全面发展的同时,个人应广泛参与社会实践,避免成为某种“宅经济”的奴隶,积极融入社会的全面发展,探索人、智能机器、环境的和谐交互,通过实现劳动能力的全面发展来实现智力、体力、道德、社会、自然的统一。

(五) 用“马克思主义科学技术观”消解反人工智能

人工智能怀疑论者无论是在学界还是在社会大众层面都不乏其人,从根本上讲,这反映的是人机关系紧张,人对人工智能存在不可控的忧虑。霍金在著名的剑桥演讲中就提到:“生物大脑与计算机所能达成的成就并没有本质的差异。因此从理论上讲,计算机可以模拟人类智能,甚至可以超越。”埃隆·马斯克和比尔·盖茨都在不同程度上表达了对人工智能未来的担忧。在这个问题上,马克思主义科学技术观早就给予了掷地有声的回应。

1. 辩证唯物主义自然观下的人机统一

恩格斯唯物辩证法的自然史观体现了明确的社会历史向度,摒弃了机械决定论孤立、静止的思维方式和方法,把自然科学的发展进程放在人类社会的发展历程中加以考量。人工智能的发展尤其显示了自然科学的社会性、与人类社会发展的紧密联系。它的发展同样遵循辩证法三大规律:人工智能处在“量”的积累阶段,虽然“质”的飞跃未必是科学家预言的“奇点”,但“智能”进步的上限难以确定;人工智能对“人性”的模仿和它本身的“物性”在运动中完成对立统一;人工智能的每一次跨越和沉寂都是否定之否定的螺旋上升。只要科学地认识事物的发展规律,即便人工智能在更多方面超越人类也并不可怕。从早期的图灵机到“深蓝”再到 AlphaGo,人工智能的突破都以人在相关科学领域的突破和进步为基础,在人工智能不断积累“量”的过程中,人的科学实践活动始终是“第一推动力”。人工智能是主客观融合的产物、人类改造自然的产物,“人在怎样的程度上学会改变自然界,人的智力就在怎样的程度上发展起来”[37]。认为人工智能必定超越人类的观点,是静止的、片面的观点,忽视了人的能力的发展性。人工智能“模仿人性”和“物性”的对立统一,本质上是人性和物性对立统一的映射,是人与自然的对立统一。一味夸大强人工智能威胁论,就是夸大人与自然的对立,而没有看到人与自然的统一:“我们越来越有可能学会认识并从而控制那些至少是由我们的最常见的生产行为所造成的较远的自然后果。而这种事情发生得越多,人们就越是不仅再次地感觉到,而且也认识到自身和自然界的一体性,那种关于精神和物质、人类和自然、灵魂和肉体之间的对立的荒谬的、反自然的观点,也就越不可能成立了……”[38]从马克思主义关于人类发展史和自然发展史的规律来看,人工智能和其他科技一样,只要合理加以规范和使用,必将造福人类。

2. 回归科学研究本位的人工智能伦理

虽然人工智能在网站、电影、媒体、技术企业的宣传中,离人的能力越来越近,在实践中,较第三次浪潮也有一定的技术突破,但从定性的角度来讲,目前最先进的人工智能仍然是“弱人工智能”,没有形成科学意义上的“强人工智能”“超级智能”“通用智能”,更无类似于人的“自主意识”,只是能够在确定性规则下解决特定问题。片面夸大人工智能威胁论,断言人类将被奴役和主宰,只能成为科技发展和社会稳定的掣肘。在各国加紧人工智能竞争,普遍谋求战略优势的情况下,科研人员要回归科学研究的本位,“只有在劳动共和国里面,科学才能起它的真正的作用”[39]。在社会主义制度下,科技异化的条件已经被先进的生产关系取代,科研人员的角色发生了根本性的转变,不再是“资本的同盟者”,而是“自由的思想家”。人工智能作为前沿的技术创新,它的研究本位和终极指归是人类社会从“必然王国”向“自由王国”跨越,人工智能是社会进步的新动能。科研人员的奋斗方向不仅是达到充分了解规律的“自由境界”,还要对自由的目的性和价值性有明确的认识。正如恩格斯指出的那样:“自由不在于幻想中摆脱自然规律而独立,而在于认识这些规律,从而能够有计划地使自然规律为一定的目的服务,这无论是对外部自然的规律,或对支配人本身的肉体存在和精神存在的规律来说,都是一样的。”[40]人工智能恰恰是要在同时遵循这三条规律的基础上才能服务全社会。大力研发人工智能的目的不是挑战人类智慧的极限,研究“巅峰智能”超越人类本身,而是在遵循科学规律的基础上,研究多方交互的适配度,让人、人工智能、社会、环境和谐发展并最终服务于全人类的解放。“科学绝不是一种自私自利的享乐。有幸能够致力于科学研究的人,首先应该拿自己的学识为人类服务。”[41]正确的人工智能伦理观引导科学的人工智能发展观,只有把人工智能发展放在人类解放的社会历史进程中加以考量,这把“双刃剑”最终才能帮助人类摆脱劳动束缚，为劳动成为第一需要提供物质积累，为每一个人的自由而全面发展奠定物质基础和提供精神准备。

受马克思主义科学技术观的影响，大多数国内学者对人工智能持相对乐观的态度，认为威胁论者对人工智能最大的担忧是人工智能的运行方式和结果不为人所控。但是人类可认知和可控制的事物始终限定于特定的结构之中，并且诚如上文所指出的实践意义一样，人类可认知和可控制的事物也必定是随着实践的变化而改变的。更重要的是，无论从自然、社会还是技术本身的角度来看，人类的控制欲望本身就是一种幻想，故因不受控而认为人工智能是威胁人类的灾难也就是无稽之谈。[42]国内学界普遍认为，人类真正的问题是如何面对人工智能的发展。

二、自然辩证法语境下的智能发展之路

消解人工智能威胁论并不是最终目的，最终目的是让人在合伦理的基础上，努力攻克人工智能瓶颈，使其“为我所用”。当前人工智能的研究瓶颈在于，基于数学的概率和算法建立的人工智能，只能“狭隘”地解决事实问题，但是无法具备感性认识以及反思和假设能力，无法具有真正的“意识”。已有的数学、逻辑、概率方法对人类社会的价值问题、意识形态问题以及常识类问题，人的情感、心理问题支撑乏力。人工智能的发展瓶颈印证了恩格斯的论断：“然而对于现今的自然科学来说，辩证法恰好是最重要的思维形式，因为只有辩证法才能为自然界中出现的发展过程，为各种普遍的联系，为一个研究领域向另一个研究领域过渡提供类比，从而提供说明方法。”[43]《自然辩证法》蕴含的基本立场、观点、方法不仅没有随着时间的推移而暗淡，反而在智能时代展现了旺盛的生命力，特别对于突破人工智能的发展瓶颈具有重要的启发意义和当代价值。

（一）人工智能的发展瓶颈

在人机关系方面，一直以来的逻辑起点仍然是毕达哥拉斯关于宇宙本原的论断：“数是万物的本质，就宇宙的规定性来说，它的佐治通常是数及其关系的和谐的体系。”[44]经过柏拉图的数学实在论，再到亚里士多德采用符号组合的方法进

行逻辑推演，奠定了形式逻辑的基础。

英国哲学家霍布斯提出，思维可以解释为一些特殊的数学推演的总和。笛卡尔、莱布尼茨所信仰的“万能数学”都在尝试用计算的方式代替思考。最后，站在逻辑巨人哥德尔和赫伯德的肩膀上，图灵和冯·诺伊曼用天才数学开启了人工智能的大门。爱因斯坦认为：“西方科学的发展是以两个伟大的成就为基础的，那就是：希腊哲学家发明的形式逻辑体系，以及通过系统的实验发现有可能找出因果关系。”无机界取得的科学成就来源于“自然绝对不变”，对象的确定性、静止性、单一性使人的思维可以用从物质本身抽象出来的符号代替对象，通过线性过程，逻辑地推导出结果。这些在早期的人工智能研究中完全适用，但随着智能发展的深入，人工智能已经开始从无机界研究转向了无机和有机的跨界研究，机器不仅要解决计算问题，还要解决价值、心理、情绪、道德问题，这些无法确定、固化的感性、主观意识甚至是意识形态，呈现了非线性的特点，脱离了符号抽象的前提。基于数学的概率和算法开始显现局限性。目前复杂状态的内部和整体表达很难用符号方法及技术来解决，绝大多数状态，特别是生命现象、社会现象和心理现象的状态层次无法用符号方法或形式化、计算化方法解决，越来越需要更为有效的非符号解决方法。

这就是智能时代，作为抽象符号在机器上运行的“轨道”，形式逻辑也受到了前所未有的挑战。“所谓的形式逻辑，就是把概念、判断、推理看作固定不变的形式或格式，并以同一律为基础的思维形式。”[45] 虽然思维规律的理论并不仅仅是形式逻辑，但开端于亚里士多德的形式逻辑在自然科学的研究中，具有举足轻重的地位，这种可逆、可验证的思维方法产生了“概念”，让科学可以称为“科学”。也正是这样卓越的成就，让自然科学家产生了对形式逻辑的执念。但这一思维方法对于人机的进一步融合显得“捉襟见肘”。科学家不再满足于机器执行人的指令，完成相应的功能，如语音交互、下棋、手术、扫地等，而是致力于让机器通过深度学习产生自主意识，具备创造性。创造性和形式逻辑本身就是矛盾的对立统一。维特根斯坦早在《哲学研究》里就明确地指出了形式逻辑的局限性：“逻辑似乎位于一切科学的根基处……但并非我们仿佛要为此寻觅新的事实；而是：不要通过它学习任何新的东西正是我们这种探究的要点。我们所要的是对已经敞开在我们眼前的东西加以理解……"[46]也就是说，形式逻辑的作用是"理解"现有的事实，而不是创造新的事实。如果人工智能不具备创造性，那现有的令人眼花缭乱的各种应用无论看起来多高级，本质上都是对《摩登时代》里的工厂机器在量上的延续，而不是对人的智能在质上的提升。人工智能的发展瓶颈所反映的是人对自身思维认知的局限性，不是人工智能能否超越人类的问题，而是人能否超越自身的问题。

（二）从自然辩证法的角度看人工智能

1. 人工智能的社会历史向度

基于自然科学的发展进程和自然科学史而产生的自然辩证法，其理论意义已远远超越了自然科学本身，深刻体现了恩格斯自然观的社会历史向度，把自然科学的发展进程放在人类社会的发展历程中加以考量，建立了人、自然、科学、社会的系统观，体现了马克思主义哲学和恩格斯思想的世界观、认识论、方法论的统一，是马克思主义的重要组成部分。而人工智能恰恰体现了自然科学与社会科学的深度交叉性。人机交互领域发展至今经历了四次浪潮。第一次浪潮是在工业工程和人体工程学背景下，集中于人的因素，优化人类和机器之间的配合。"深蓝"获胜的一个秘密，就是在每场对局结束后，"深蓝"小组都会根据卡斯帕罗夫的情况，相应地修改特定的参数。"深蓝"虽然不会思考，但这些工作实际上起到了强迫它"学习"的作用。第二次浪潮受认知心理学启发，强调人与机器之间信息处理的相似性。第三次浪潮将研究重点转至人类，着眼于人机交互中的社会和情感等方面。第四次浪潮和目前的趋势是结合积极心理学和认知神经科学的洞见，考虑诸如身心健康、创造力、情感、道德观、自我实现等因素，呈现了更加以人为本的观点。[47]不难看出，人、机、环境的深度融合不仅是自然科学的研究领域，也与社会科学紧密相连，更是人之于自身、自然、社会的反思。

2. 人工智能的辩证逻辑向度

数学和形式逻辑作为人工智能产生的根基，已经无法满足人机交互向深度融合方向的延伸，基于数学的概率和算法只能让人工智能"狭隘"地解决事实问题，这就让人机交互的第四次浪潮进入了瓶颈期。恩格斯在《自然辩证法》中鲜明地反对唯“数”论，认为：“思维规律的理论并不像庸人的头脑在想到‘逻辑’一词时所想象的那样，是一种一劳永逸地完成的‘永恒真理’。”[48]同时，他用黑格尔的话肯定了感性的价值，认为“宇宙是数及其关系的和谐体系”根绝了感性的本质，这样的结果是思维的狭隘和片面。在寻找多元思维方法的过程中，自然辩证法所体现的辩证逻辑与人工智能的发展高度契合，应引起研究者的广泛关注。

目前人工智能的困境正是恩格斯所说的，自然科学的研究不使用辩证法，形而上学是关于事物的科学，不是关于运动的科学，机械论是线性联系的逻辑推理，如果不考虑宇宙的运动和非线性的普遍联系，仅用形而上学和机械论进行研究，则在纷繁复杂的现象下，将无法找到正确的联系。人工智能的计算建立在对象确定化的条件下，如果遇到不确定的价值、情感、心理等无法固化的对象，再用线性过程建立联系必然失败。康德对这个问题的解决方式就是模仿数学公理，把道德义务固化成“绝对命令”，但以此为起点的伦理建构，只证明了德国古典哲学的想象力及其与科学的紧密联系，而没有在实践中被广泛接受。

自然辩证法思维的核心是辩证逻辑，它是形式逻辑的发展和升华。辩证逻辑的两个基本原则是自然界和精神的统一以及抽象和具体的统一，这种思维方法有助于建立人、机、环境的统一，符号抽象与非符号方法的统一，形式逻辑与非逻辑的统一，感性与理性的统一，主观价值与客观事实的统一。人工智能是让无机物（机器）模仿有机物（人）的思维。第一，要建立无机界与有机界之间的联系。第二，要建立大脑和身体作为物质载体与人的思维之间的联系机制、机理，对于人工智能的研究，辩证法恰好是最重要的思维形式。第三，要建立环境的变化与思维之间的联系。辩证逻辑正是揭示事物的普遍联系，为多领域交叉研究提供类比，从而提供说明的有效方法。

3. 人工智能的思维向度

恩格斯“第一次把自然界、社会和思维发展的一般规律以普遍适用的形式表述出来，这始终是具有世界历史意义的勋业”[49]。他认为：“关于思维的科学，也和其他各门科学一样，是一种历史的科学，是关于人的思维的历史发展的科学。”[43]恩格斯把思维的历史发展规律放在与自然科学、社会科学同等重要的高度考量，其意义在于：“认识人的思维的历史发展过程，认识不同时代所出现的关于外部世界的普遍联系的各种见解,对理论自然科学来说也是必要的,因为这种认识可以为理论自然科学本身所要提出的理论提供一种尺度。”此外,恩格斯还认为思维的发展是认知进步的重要推动力,他指出人的思维、认识包含着极其复杂的矛盾:一方面,人的思维的性质必然被看作是绝对的,另一方面,人的思维又是在完全有限地思维着的个人中实现的。人的思维的至上性和非至上性的矛盾贯穿于人类认识过程的始终,是人的思维所包含的主要矛盾,“是所有智力进步的主要杠杆”,即推动认识发展的动力,这个矛盾的不断出现和解决也就推动了人的认识向前发展。

人工智能同样在探索思维的历史发展过程,探索思维最本质的特征和形成思维的机制机理。人类真正开启全面认识思维的时代正是已经来临的智能时代。人工智能是研究如何使计算机模拟人的某些思维过程和智能行为(如学习、推理、思考、规划等)的学科,主要包括研究计算机实现智能的原理、制造类似于人脑智能的计算机,使计算机能实现更高层次的应用。从思维观点来看,人工智能不仅要模仿人的逻辑思维,还要考虑形象思维、灵感思维才能促进人工智能的突破性发展,从 AlphaGo、智能语音、人脸识别,到医疗、金融、司法等领域的智能辅助决策,表面上体现的是技术进步,实际上反映的是人机交互的迭代,是人对思维认知能力的加强过程。辩证法必将为人工智能对思维谜题的破解提供一种尺度。人工智能研究带动了哲学热潮,关于人工智能的哲学研究,目前学界关注较多的一方面是主体性、伦理问题的研究,以及影响社会分工、推动人的解放等多个论域,另一方面是借鉴哲学在思维领域的研究成果,在技术解决方案中提供方法论指导,人工智能哲学正是建立在《自然辩证法》所解决的哲学和自然科学的关系基础上。自然的辩证法、思维的辩证法是人工智能哲学向更高、更远目标发展的可靠保障。

4. 人工智能的开放向度

在恩格斯所处的时代,生命科学发展的程度远不如今天。在谈“相互作用”的时候,恩格斯将“暂且把有机的生命排除在外”设为前提,但这并不意味着有机生命就不遵循“互相转化、互相制约,但是运动的总和始终不变”的论断。恰恰相反,恩格斯提到了:“在这里我们首先只谈无生命的物体;对于有生命的物体,这个规律也适用，但它是在非常复杂的条件下起作用的，而且现在我们还往往无法进行量的测定。”恩格斯给出的具体理由是：“可惜，在我们还不能制造蛋白质的时候，我们暂时无法来讨论蛋白质的运动形式，即生命。”[50]这就像门捷列夫编制的元素周期表通过原子量的变化排列元素，给那些还没有被发现的元素留下位置，恩格斯的自然辩证法给那些还没有充分发展的科学领域留下了空间。

人工智能作为无机世界向有机世界过渡的交叉科学，与生命科学密不可分。没有神经网络的突破性研究成果，就没有人工智能的大发展。人工智能研究不仅让无机和有机贯通形成了开放平台，而且在对各种算法进行训练的过程中，也开始从封闭的有限环境转向开放的无限环境。基于大数据的深度学习将逐渐被面向真实自然场景的全新迁移学习替代，因为预先学习了数据集知识的模型难以适应多变、未知的环境，特别是在机器的情感、常识学习中，开放环境的优势不可替代，而开放体系、动态体系正是辩证法研究的优势所在。

同时，面对开放的、广阔的认知世界，恩格斯指出了人类对无限和绝对的认识是一个长期的、复杂的过程，只能逐渐接近，而永远不能穷尽。人们只能通过有限事物去把握无限，通过特殊性去把握普遍性。“这使我们有足够的理由说：无限的东西既是可以认识的，又是不可以认识的，而这就是我们所需要的一切。”[51]人工智能涉及自然科学、社会科学和思维科学，“认识”的研究对象就是“认识”本身，认识必将是长期、复杂、永不穷尽和没有绝对真理的过程，但又具有绝对的必要性。

（三）自然辩证法对人工智能的方法论支撑

1. 基于系统观的智能发展

美国心理学家、心灵哲学家尼古拉斯・卡明斯认为智能要有意向性，一是要让它有表征能力，二是要有社会、文化等约束因素，三是要让计算机有内在的整体结构，因为意向性不是局域性的属性，而是整体性的属性。自然辩证法是关于联系、运动、发展规律的科学，其中蕴含着丰富的系统思想，凸显了系统的整体性、过程性、层次性特征，从系统与环境、状态与过程、整体与部分、层次与层次之间的关系，揭示事物发展、运动的内在规律和动力。它把整个物质世界定义为永恒运动的复杂系统，由相关要素通过一定秩序组织起来的、相对稳定的统一整体，要素的运动会对其他要素和整体产生影响。智能就是以变应变，随机应变。变的本质就是运动，智能不是不犯错误、失误，而是可以预防减少错误、失误，犯了错误、失误以后还可以改正错误、弥补失误。

更重要的是，智能不仅会面向别人学习，还会面向自己学习，不仅会学习理、工、农、医，还会学习文学、历史、哲学、宗教、艺术，其实智能本身不仅仅是科学，还包括科学之外的方方面面，是真正的复杂系统。例如，自动驾驶既涉及技术编码(模拟人的驾驶行为)，也存在道德难题，在同一道德价值体系内，会出现不同价值层次的冲突和同一价值层次内不同角色主体的冲突:在交通事故中是物优先还是人优先的问题属于前者;如果发生人身伤害不可避免，是多数人的生命优先还是少数人的生命优先、是年轻人的生命优先还是老年人的生命优先、是大人的生命优先还是儿童的生命优先则属于后者。人们把这一难题归结为人工智能伦理问题，希望通过"道德编码"解决，但在实践中是用康德的"道德义务论"编码，还是以斯宾诺莎的在"寻求自己的利益的基础上"遵循德性、边沁的"功利主义"或比例原则、墨家的伦理观、荀子的伦理观为依据，这是另一个难题，因为伦理道德体现的是人与社会的关系，具有明显的差异性。伦理学是不存在"为什么"，只存在"怎么办"的学科，但编程作为线性问题的解决方法，不知道"为什么"，就回答不了"怎么办"，所以在车辆、"驾驶员"、行人、马路以及路上建筑、设施构成的复杂动态系统中，呈现了要素与系统的联系、要素之间的联系以及不同层次之间的联系，需要建立基于系统观的人工智能生态和环境，单纯用技术或者伦理都解决不了人工智能面临的价值选择问题。

2. 过程与状态统一的自适应

在《自然辩证法》中，恩格斯详细地阐明了辩证法的三个规律:量转化为质和质转化为量的规律，对立的相互渗透的规律，否定的否定的规律。恩格斯着重指出了辩证法的规律不仅是从自然界的历史中抽象出来的，也是从人类社会的历史中抽象出来的，是自然史、社会史和思维本身发展的最一般规律。这也意味着辩证法的规律对于考察自然、社会、人的思维之间的联系，是普遍适用的方法，越是普遍的规律，越是容易被忽视的规律。在解决新的问题时，人们往往期待新的方法。人机智能的研究也面临着同样的问题。目前人机深度融合的障碍在于机器无法具备感性思维。按休谟的理论,感性先于认知,是直觉的起点。直觉是一种思维方式,基于直觉产生的假说、猜想更接近于创造,其中可以被证明的部分称为定理,不能被证明的部分称为公理,成为约定俗成的理论。其中既包括各门科学应用的工具,如数学公理,也包括价值,如社会的公序良俗、道德规范等,当然,直觉还可能是完全错误的。但没有感官就无法获得感性,也就无法产生直觉,也就无法形成公理和错误,所以在数据输入正确的情况下,依据固定的算法,人工智能一般是不会产生错误的,遗憾的是,人工智能也不会产生公理及其蕴含的价值,即不能进行所谓的创造,这就意味着人工智能还仅仅是一种功能,而不是能力,也就不同于人的智能,人的智能是人们用智慧解决问题的能力。

恩格斯既强调理论思维的重要性,又充分认识到了感性对自然科学的重要意义:“我们先用我们的头脑从现实世界作出抽象,然后却无法认识我们自己作出的这些抽象,因为它们是思想之物,而不是感性之物,而一切认识都是感性的量度!”[52]人工智能要实现新的突破,必须破解感性思维的“米诺斯王宫”。埃隆·马斯克团队正在做的脑机接口实验[53],就是试图把人的感知能力、非线性信息处理能力和机器的线性信息处理能力相结合。以生物传感器的使用为例,人工神经网络目前可以对猫的大脑以及人的视听能力进行建模,具有学习能力和模糊逻辑的解释能力,但是仍然没有解决透明性的问题。换句话说,就是人工神经网络的算法不能解释结果,此外,在输入环节模型中的权重是事先固定的,因此不能自适应,也不能学习。[54]如果用自然辩证法的三个规律来考察,就不难发现症结所在。自然辩证法认为运动是一切物质存在的方式,宇宙中发生的一切变化和过程,从单纯的位置变化到思维过程,都处在不断运动中,要研究过程,首先要研究事物的状态。过程是由一个个状态组成的,认识了状态变化的规律,就认识了过程的特点。事物不断通过量的变化经历一个过程,然后达到一个新的状态,实现新质对旧质的否定,再经历新的过程,通过否定之否定达到更新的状态,过程和状态相互转化、辩证统一。人的感觉是主客体相互作用和主客体信息混合的产物,通过神经激发的生成、传输和处理而产生主客体信息混合后的新质,完成了创造的使命。目前人工智能“生成”的环节由人来完成,人工智能不用考虑“状态”和“状态的转换”，只需要按指令处理和传输输入的信息。人工智能基本上能够胜任处理和传输工作，但人工智能要“生成”从无到有的“自主意识”，产生自适应，则是一种状态向另一种状态的过渡。状态是质的相对静止，其内部量的变化达到一定程度时，状态的质就要改变，激发新的过程，所以在创建智能的“感官”系统时，应从原有的过程研究转向过程和状态相结合的研究，对状态的量的测量和对状态转化的处理将是通往真正智能之路的方向。

3. 从“思维规律”转向“自然规律”

恩格斯根据黑格尔的阐述，把判断分为实有的判断、反思的判断、必然性的判断、概念的判断，[55]肯定了从个别到特殊再到普遍的思维规律与自然规律相一致。鉴于人对思维规律的研究还非常有限，要让机器学会像人一样思考，可以借助于思维规律和自然规律的必然一致性，从探索自然规律中得到更多的思维规律，这将为进一步认识思维规律提供可能。目前的机器认识规律恰恰与人相反，是从普遍到特殊再到个别的过程。人工智能通过理性认识去完成感性认识，从认识的阶段性而言和人的思维是相逆的。例如，人通过抽象出小猫的特点，用一组符号和算法赋能机器，机器在小猫出现的时候，通过图像识别技术认出小猫。要想让机器逆向思维，和人保持一致的思维过程，从个别到特殊再到普遍，其中不可逆的部分在于机器缺少完整认知链条中的重要一环——“反思”。“反思”的缺失使得机器在没有给定参数的时候，无法从“个别”事物中提炼出“特殊性”，因而产生不了概念，即新的知识。因此，目前人工智能即便在计算、记忆等方面远远超过了人类，但从整体性而言，还没有从“认出”跨越到“认识”。

人工智能的“认出”是建立在算法之上的训练学习，“认识”需要的是实践学习。思维规律和自然规律的一致性为人工智能的研究提供了新的思路——通过研究自然规律来揭晓思维的规律。在自然界，存在很多人的感官不能直接感知的运动形式，但这些运动形式可以转化为我们能感知的运动，所以在促进智能产生自主意识的时候，一方面要从智能本身的感知能力入手，另一方面要从转化运动形式入手。从相对意义上通过与自身相联系的事物的特征和变化来解释事物自身的特征和变化规律，这是辩证法的重要思想，而这也应该引起人工智能领域足够的重视。2021 年 2 月，麻省理工学院计算机科学和人工智能实验室研发了“液态"神经网络,通过它的运动,解决之前神经网络在模拟人处理信息时,因数据训练固化而对新数据的不适应,除了训练学习之外,它还能进行实践学习。而固态网络到液态网络的灵感正是来自自然界的线虫,只有302个神经元的生物能够做出出乎意料的复杂动作,在对线虫神经元如何通过电脉冲得到激活并相互交流进行仔细研究后创建的"液态"神经网络,对意外或噪声数据更有弹性,能够很好地解决大雨遮挡了自动驾驶汽车上的摄像头后的安全性问题。[56]此外,因为思维本身需要人脑和客观世界的"物质"支撑,同时,其"内在目的本身是一个不折不扣的意识形态规定",所以人工智能的跨越式发展不仅要依靠对自然规律的发现,还应进一步考察社会科学的发展规律,以及二者的融合。

4. 从"同一性"转向"等效性"

恩格斯认为:"抽象的同一性,像形而上学的一切范畴一样,足以满足日常应用……但是,对综合性自然科学,即使在每一单个部门中,抽象的同一性也是完全不够用的,而且,虽然总的说来在实践中现在已经排除这种抽象的同一性,但它在理论上仍然支配着人的大脑,大多数自然科学家还以为同一和差异是不可调和的对立物,而不是各占一边的两极,这两极只是由于相互作用,由于把差异性纳入同一性之中,才具有真理性。"[57]人工智能不仅是综合性的自然科学,还是综合性的社会科学。机器不仅要做事实判断,还要做价值判断,以及基于事实和价值的态势判断。例如军事机器人,明确怎样根据敌我的变化实现最佳的作战效果比它本身的攻击能力、防守能力更为重要。机器同时体现的事实同一性、价值差异性最后统一在对态势分析的效果等同上。爱因斯坦从"自由落体是一个加速的运动状态"的想法中,感悟出"重力与加速度"无法区分这一等效原理。依据此原理,即便是不具有质量的光在运动时,也会因重力而发生偏转。重力场与适当加速度运动的参考系是等价的。等效原理成为广义相对论的核心。在人工智能无法用数学抽象出同一性表达时,则需要寻找参考系构建等效性,将基于物质产生的意识呈现为不具有物质形式的过程,这将是人工智能研究中质的飞跃。

对于目前热议的人工智能伦理,我们必须看到,有些问题属于伦理的范畴,有些问题仍然是认知领域无法解决的问题,已经脱离了伦理的范畴。人工智能应从提升机器的能力转向提升人的能力。在未来的某一天,机器可以运用人设定的程序发展出各种可能性，开始真正意义上的自我认识和自我否定，能够有目的地自我修正，并且不断意识到自己的无知而突破自我。人工智能的发展经历了几次大起大落，每一次高潮都伴随着哲学思考，而每一次低谷都预示着即将在新的方向上再出发。在人工智能突破弱人工智能走向强人工智能甚至超级智能的过程中，根植自然科学，关照社会科学和思维科学的唯物辩证法必将发挥出不可替代的作用。

5. 从“必然性”转向“偶然性”

科学就是要从千变万化的偶然性中探究必然性，必然性是科学的根基和目的，但在科学研究的过程中，偶然性和特殊性代表的是可能性和科学精神的解放。恩格斯在《自然辩证法》中高度肯定了必然性的价值，但也没有忽视偶然性的作用，并引用了黑格尔的论述：“偶然的东西正因为是偶然的，所以有某种依据，而且正因为是偶然的，所以也就没有依据；偶然的东西是必然的，必然性自我规定为偶然性，而另一方面，这种偶然性又宁可说是绝对的必然性。”[58]辩证法和形而上学的差异是从非此即彼拓展到亦此亦彼，并使对立的各方相互联系起来，必然性和偶然性的对立统一、相互转化是科学认识论的起点。人工智能领域的研究相比于其他领域更加依赖必然性，以算法主导的人工智能对偶然性的漠视达到了无以复加的地步。对“机”而言，本身是排除人、环境的干扰执行绝对必然性的工作。当我们把人工智能植入越来越实体化的系统中，不仅需要研究如何让机器自身运转良好，而且需要研究如何让机器与人和环境有效合作。随着人和环境的介入，人、机、环境三者协同大大增加了偶然性。自动驾驶的第一次致命事故发生在2016年5月7日，一辆自动驾驶的特斯拉汽车在交叉路口撞上了一辆卡车后面的拖车。这次事故是由两个错误的假设造成的：第一，自动驾驶汽车错以为拖车上明亮的白色部分只是天空的一部分；第二，它错以为司机正在注意路况，如果有事发生，他一定不会袖手旁观，后来证实，这位卡车司机当时正在看电影《哈利·波特》。[59]由于这两个偶然因素的叠加，即便智能驾驶系统符合通行安全标准仍不能避免悲剧的发生。生命“偶然”的终止对个人和家庭具有决定性意义。科学不仅要探索“必然性”，还要探索“偶然性”的“依据”。人工智能不仅要给人带来高效、舒适，更要保证安全，赋予偶然性和必然性同等的研究价值，重构人工智能研究范式,研究怎样实现针对偶然性威胁的一键叫停机制,是目前人工智能摆脱单向度化和机械决定论的现实选择。

6. 从"合目的原因"转向"终极原因"

在《自然辩证法》中,恩格斯认为海克尔误读了黑格尔,不存在"机械地起作用的原因"和"合目的地起作用的原因",只有事物的终极原因,并且恩格斯把这种终极原因定义为运动:"物质及其存在方式即运动,是不能创造的,因而是它们自己的终极的原因;同时,如果我们把那些在宇宙运动的相互作用中暂时地和局部地孤立的或者被我们的反思所孤立的个别原因,称为起作用的原因,那么我们绝没有给它们增加什么新的规定,而只是增添了一个带来混乱的因素而已。"[60]这体现了自然辩证法思想对事物本质的深刻理解,在纷繁的现象背后,只有终极的、根本的原因——运动。长久以来,人工智能总是期待和寻找"合目的地起作用的原因",这种寻找徒劳无益,只能分散对主要矛盾的注意力。

早在1956年,约翰·麦卡锡、马文·明斯基、克劳德·香农在达特茅斯的第一次人工智能研讨会上,就提出了"人工智能帮助人们还是替换他们?"的议题。20世纪60年代,控制论之父诺伯特·维纳曾说:"这些机器的趋势是要在所有层面上取代人类,而非只是用机器能源和力量取代人类的能源和力量。"[61]新世纪,以斯蒂芬·霍金、埃隆·马斯克和比尔·盖茨为代表的怀疑论者都表达了对人工智能超越人类的担忧。这也引起了全球关注,人们又本能地回到伦理的层面,从艾萨克·阿西莫夫的机器人三定律到欧盟发布的《可信赖的人工智能伦理准则》,从微软的"希波克拉底誓言"到《阿西洛马人工智能原则》都在反复强调,为了让人工智能服务于人类,而不是伤害人类或者失去控制,必须进行"合目的的开发"和"合目的的使用"。根据辩证法的因果关系,没有"合目的的原因",何谈"合目的的结果"?如果各类倡议始终试图从机器的角度出发,那么人工智能伦理最后很可能是人类的自我安慰。

在任何人都无法确定机器人是否能超越人类,进而对人类产生威胁的时候,研究的关注点应该从机器转向人、社会和环境,用"终极原因"构建和谐的人机关系。自然科学中以确定对象为目标的研究方法,常常忽视"运动",即忽视人的行为对思维的影响、思维与环境之间的互动。思维的最本质和最切近的基础正是人所引起的环境变化,而不仅仅是环境自身的改变,近代以来,人们对气候的研究成果已经充分地证实了这一观点。“人在怎样的程度上学会改变自然界,人的智力就在怎样的程度上发展起来。”[62]机器的每一次进步都可以归结为人对外部环境的改变做出的适应,其中蕴含着人的智能活动,只有在思维、环境、智能体三者的相互作用中,动态地寻找“终极原因”的规律,也就是运动的规律,才能正确认识人工智能无限广阔的发展前景中人机关系的走向,找到介入点,通过适当时机的干预确保人工智能的安全、可信、透明。思维、环境、智能体三者的交互运动规律越明晰,越有可能达到伦理上可接受的通用智能。

近150年过去了,恩格斯的《自然辩证法》依然熠熠生辉,其蕴含的自然观和方法论在智能时代不仅没有过时,反而展现了旺盛的生命力,彰显了面向系统性、整体性和协同性问题的优势,为“功能”向“智能”的蝶变提供了崭新的视角和量度。

第三章

酌古斟今:《墨经》与人工智能伦理

第一节 《墨经》伦理因果的论证体系

《墨经》[①]作为后期墨家的代表性著作,其伦理光芒长期被逻辑、科学光芒掩盖,因为在同期的典籍中,对逻辑、科学的研究都相对匮乏,而伦理是中国哲学的重要发展脉络,取得了辉煌的成就,各家均提出了卓有建树的主张。人们习惯用墨子在《尚贤》《尚同》《兼爱》《非攻》《天志》《明鬼》《节用》《节葬》《非乐》《非命》等篇中的伦理主张代替《墨经》伦理,但随着时代的不断进步以及崭新社会问题的不断涌现,《墨经》伦理的因果性逐渐彰显了独立的研究价值。早期的墨家伦理已得到了系统的论述,特别是"兼爱""非攻"的思想,其显示了墨家伦理的精髓和独创性。除上述各篇关于伦理的论述,以科学、逻辑见长的《墨经》为解释墨家的元伦理,又提出了相应的规范伦理和应用伦理,不仅继承和发展了墨家十论所倡导的价值,而且采用了伦理因果推论的结构体系来阐述墨家的伦理观,这不仅在先秦

---

① 在以往的研究中,有三种关于《墨经》的定义方法,有狭义《墨经》四篇,有广义《墨经》六篇,还有些人将墨子的论述统称为《墨经》,本书采用广义《墨经》的提法,包括《经上》《经下》《经说上》《经说下》《大取》《小取》六篇,其中原句的引用版本均采用中华书局于 2020 年出版的方勇译注的《墨子》。

诸子的伦理论述中较为罕见,在整个中国哲学史的发展中也颇具独创精神。张岱年在《中国哲学大纲》的方法论篇中提到:“《墨经》颇有许多几何学、光学、力学的原理,是中国古代科学之珍贵的萌芽。可是后期墨家,因注重实际应用的结果,颇致力于事物的观察和辨析。但关于如何观察事物、辨析事物之方法,则尚未有所论述。他们实际上是有一种新方法的。”[63]通过对《墨经》的文本结构进行分析,这种未被阐述的新方法很可能正是基于因果关系来建构自然科学和社会科学理论体系的方法。

虽然斯宾诺莎认为,“如果有确定的原因,则必定有结果相随,反之,如果无确定的原因,则绝无结果相随”[64],视因果为普遍存在的公则,并在此基础上建立了伦理因果的理论框架,但在伦理原因与结果的必然性联系上仍然缺少强有力的论据,伦理因果的可能性仍饱受质疑。而《墨经》从伦理因果的可能性、合理性和有效性展开,从规范学科的视角,综合运用因果论证的概念、命题(判断)和推论方法,呈现了严整的伦理因果论证结构,对伦理因果思考的深入和全面,几乎触及了西方从亚里士多德到休谟、康德、黑格尔近两千年的伦理关切,是先秦著述中世界观和方法论相结合的经典,是系统阐述伦理因果的巨献。爱因斯坦曾言:“关于事实和关系的科学陈述,固然不能产生伦理的准则,但是逻辑思维和经验知识却能够使伦理准则合乎理性,并且连贯一致。如果我们对某些基本的伦理命题取得一致,那么,只要最初的前提叙述得足够严谨,别的伦理命题就都由它们推导出来。这样的伦理前提在伦理学中的作用,就像公理在数学中的作用一样。”[65]深入挖掘《墨经》伦理因果立论的当代价值,不仅有助于对墨家伦理思想的再认识,也将为智能社会探索人工智能伦理提供有益的启示。

一、《墨经》伦理因果的可能性

从《墨经》六篇的结构来看,《经上》以讲“故”开始,“故:小故,有之不必然,无之必不然”,对论证因果关系将使用的概念做了精当的定义。正如胡适所说:“故的本义是‘物之所以然’,是成是之因。无此因,必无此果,所以说:‘故,所得而后成也。’”[66]谭戒甫也指出“故,相当于因明之因”[67]。《经下》开篇讲“类”,“止,类以行人”,用大量“……说在……”句式,给出了形成判断的“故”。孙中原把“有之必然”视为因果关系和推论式的元语言概括。[68]邢兆良认为墨子用“故”字来表达因果观念,一是直接用来表示原因,二是以其文法上的逻辑功能,承前文的原因推言其结果。[69]《墨经》还从结果的意义将祈使分为“谓使”和“故使”两类,《经说上》记载:“使:令谓,谓也,不必成湿;故也,必待所为之成也。”谓使是人为的“使”,对象可能按照要求行事,也可能不按照要求行事;而故使是受必然规律支配的“使”,有因就一定有果,是必然能够实现的“使”。所以谓使的指向是伦理,故使的指向是科学。

《大取》阐述了规范伦理在实践中的应用,所谓“夫辞以故生,以理长,以类行者也”,只有“三物必具,然后以生”。“类”有是然的意思,但墨子所谓的“知类”并非侧重认知一个“类”的抽象本质(essence),而是省察它的具体用法(usage)。这与其说是一种逻辑或形而上学理论,不如说是一种伦理主张,其目的不是描述客观世界,而是规范人们的语言与行动。[70]《墨经》中的“类”很大一部分是为伦理因果论证做准备。“故”是所以然,是事物因果关系和思维的充分必要条件,“理”是判断的充足理由,是事物因果关系在人脑中的反映。故、理、类恰恰是伦理因果得以建构的闭环。《小取》记载:“焉摹略万物之然,论求群言之比,以名举实,以辞抒意,以说出故。”这正是对这一闭环中方法论的总结,在前五篇的基础上,《小取》进一步论证了“辞”和“说”所指向的具体推类方法对因果论证的重要作用,至此,《墨经》伦理因果的论证架构彰明较著。

(一)《墨经》伦理因果的基础——唯物与“两一”[63]

在总体的伦理因果论证框架下,《墨经》首先从伦理基础和认识论的视角展开了伦理因果可能性的论证。因果是人认识世界的一种方式,在人类的思想史上具有重大意义,最初的因果是人们在生活实践中积累的现象经验,人们把前后相连的现象构成知识,这是因果关系最早的基础,真正的因果关系是客观现实事物本身的相互联系,是必然的联系。但随着联系认识的增多,概括性的抽象因果产生。随着抽象因果的产生,唯心论的主观伦理因果和以神为基础的宗教伦理因果也相继产生。道家的“大道废,有仁义;智慧出,有大伪”[71]就带有明显的主观因果色彩,这在本质上与因果的客观性和实践性相冲突。虽然《墨子·天志》和《墨子·明鬼》都有唯心论的成分,但“是其说不本于宗教之信仰及哲学之思索,而仅为政治若社会应用而设”[72]。《墨经》中除《小取》在阐述推论方法时的举例“人之鬼,非人也;兄之鬼,兄也。祭人之鬼,非祭人也;祭兄之鬼,乃祭兄也”之外,再无唯心之处,其整个立论体系建立在尊重客观规律的朴素唯物论和重视事物发展变化的辩证法基础之上。首先,《墨经》承认宇宙以客观性和统一性为基础:

《经上》:久,弥异时也。宇,弥异所也。

《经说上》:久,合古今旦莫。宇,蒙东西南北。

《经下》:行循以久,说在先后。

《经说下》:进行者,先敷近,后敷远。行者行者,必先近而后远。远近,修也;先后,久也。民行修,必以久也。

墨家同期的宇宙观有以“道”①为本源、以“水”②为本源、以“火”③为本源、以“数”④为核心、以“神”⑤为核心,或者以“原子”⑥“四元素”⑦为核心,等等。但从唯物的角度,明确提出时间、空间概念,并将时空统一起来作为事物的本质——“长宇久”——的实属罕见,这种鲜明的唯物论大旗对中国哲学认识事物的方式具有深远影响。《墨经》伦理基础的客观性和统一性正是来自宇宙的客观性和统一性。墨家唯物的宇宙观决定了其伦理基础的唯物性。唯物主义伦理观相对于唯心主义伦理观更符合因果关系建构的客观性需求。《墨经》又进一步通过石头的坚白二性论证了主观是客观的反映,事物之间存在普遍的联系,“有之实也,而后谓之,无之实也,则无谓也”:

《经下》:于一,有知焉,有不知焉,说在存。有指于二而不可逃,说在以二累。

《经说下》:石一也,坚白二也,而在石。故有智焉,有不智焉,可。

---

① 先秦探索宇宙观的除了墨家只有道家,老子在《道德经》中提到,“道”是宇宙的本源。
② 泰勒斯认为宇宙的本源是水。
③ 赫拉克利特认为火是宇宙的本源。
④ 毕达哥拉斯学派认为数的和谐就是宇宙的本源。
⑤ 以柏拉图为代表的西方众多哲学家的宇宙基础都是神的永恒存在和终极意义。
⑥ 德谟克利特的自然哲学派认为原子在虚空中的机械运动是宇宙的本源。
⑦ 亚里士多德认为宇宙是由土、水、气、火四元素构成的。

《墨经》认为，人们对于一种东西的属性，有的知道，有的不知道，但不管是否知道，东西的属性总是客观存在的，不因人知道而有，也不因人不知道而无。石头的坚白二性密不可分，并不因人的知或不知而分离或者只有一种属性。如果说事物的两种属性密不可分，就应当联系起来。

伦理基础的客观性决定了伦理不可能是静止的规约，而是随着客观世界，特别是人类社会的发展变化而发展变化，这就决定了伦理处于动态的发展变化中，具有辩证性，进而具有可建构性。《墨经》伦理因果推论的另一个基础是辩证性。辩证的核心是关注联系和变化，辩证的基本原则是自然界和人类社会的对立统一、事物或者态势之间的相互转化。恩格斯总结了唯物辩证法的三个基本规律：量转化为质和质转化为量的规律，对立统一的规律，否定的否定的规律。[73]唯物辩证法的三个基本规律在《墨经》中都有明确的体现。

《经上》记载："化，征易也。"《经说上》记载："化，若蛙为鹑。"这些表达了事物在发展变化中由量到质的飞跃，指出特征的改变是由事物的本质属性决定的，化的过程就是量变到质变的过程。除了质、量的相互转化，《墨经》还大量用例，总结了"同异交得"和"两而无偏"的辩证法，并广泛用于分析自然现象、社会现象和回应百家争鸣的现实问题。

《墨经》通过常见饮食中的"损"和"害"这一具体实例来阐述对立渗透又统一的关系：

《经下》：损而不害，说在余。

《经说下》：饱者去余，适足不害。能害饱，若伤麋之无脾也。且有损而后益智者，若疟病之之于疟也。

"损"不足是有害的，"损"有余不但无害，而且是有益的。因此人不仅不用害怕"损"，必要的时候可不吝惜"损"。老子说："天之道，损有余而补不足。"[74]正是此意。

作为"经"的结束语，最后两条讲的是否定的否定的规律：

《经下》：是是与是同，说在不州。

《经说下》：是是则是且是焉。今是，文于是而不于是，故是不文，是不文，则是而不文焉。今是，不文于是而文于是。故文与是不文同说也。

以“故”的逻辑为出发点,以唯物辩证法为落脚点,由形式逻辑向辩证法的发展,是人类思维发展的自然进程,这个进程在西方哲学中是从亚里士多德到黑格尔再到马克思,历经两千多年才走完的。墨家用寥寥数语,在先秦就已阐述得清晰、通透,其闪耀的理性光芒至今仍照亮着人类破解思维密码的迷途。

《墨经》伦理价值判断的基础是古代朴素的唯物主义和两一(辩证)①,伦理因果建构的出发点是事物的客观性、发展性和对立统一的关联性,同时肯定某个发展阶段的确定性,如“人过桥”,不容混淆。朴素的唯物主义和两一统一于《墨经》的实事求是,“过名”的错误就是实际情况发生变化,但是名称却没有改变:

《经下》:或,过名也,说在实。

《经说下》:或,知是指非此也,有知是之不在此也,然而谓此南北,过而以已为然,始也谓此南方,故今也谓此南方。

(二)《墨经》“知论”对价值与事实的区分

《墨经》讲求客观的伦理基础直接决定了其在认知领域对客观存在进行分类整理,形成符合客观规律的认识论。苏格拉底讲“知识即美德”。张岱年则认为:“中国哲学中的方法论,有一根本倾向,即注重致知与道德修养的关联,甚或认为两者不可分,乃是一事。”[63]与前两者不同,《墨经》在对客观事物的认知阶段就提出了价值与事实的认知区别,“取舍”是“两知”,通过在不同语境下使用“知”“智”和“恕”来区别事实与价值认知的差异。对“知”的解释有:

《经上》:知,材也。知,接也。知,闻、说、亲。

《经说上》:知,材:知也者,所以知也,而必知,若明、知也者,以其知遇物而能貌之,若见、知:传受之,闻也;方不障,说也;身观焉,亲也。

首先,“知”的基础是人的认知能力,即生物意义上的智力水平,同时,“知,接也”表达了此“知”偏重于内、外部交互的过程,是人与外界的互动,包括认知的输入和输出。具有认知能力,就能够知晓事物,能够借助于思维再现所认识的事物。从认知能力到获得认知的跨越,中间要经过思维过程。《经上》中的“虑,求也”就

---

① 两一或辩证:中国哲学中论反复两一的现象与规律者颇多,先秦除老庄、《易传》将其作为一种方法加以论述外,这一方法不独立使用,都是以其他方法为主而兼用此法。

表达了“思维”的重要性。“智”在《墨经》中并无单独解释，常与“知”通用，《荀子·正名》中提到：“所以知之在人者谓之知。知而有所合谓之智。”[75]荀子把人所固有的认识外界客观事物的本能称为知，这种本能与客观万物相合形成智慧，可见“智”更偏重于“知”的正确性。除了“知”和“智”之外，从《墨子》的道藏本和吴抄本开始，《墨经》中出现了“恕”字。孙诒让在《墨子间诂》中做了解释：“恕，旧本读恕，毕云‘推己及人，故曰明’，张云‘明于人己’并是非。今从道藏本、吴抄本作‘恕’……此言知之用。周礼大司徒郑注云：‘知明于事’。”[76]也正是新造字“恕”的出现，完成了《墨经》对事实和价值做区分的使命：

《经上》：恕，明也。

《经说上》：恕也者，以其知论物而其知之也著，若明。

《经说下》：尝多粟，或者欲不有能伤也，若酒之于人也。且恕人利人，爱也，则唯恕，弗治也。

“恕”是用智慧来明辨曲直，达到彻底通透达明之目的，而“恕人利人”的出现显示了“恕”偏向于对人际关系的伦理认识。通过道藏本以前使用的“恕”字便可明白，“恕”本来就有推度，以己度人、推己及物的意思。“古人讲‘恕’是推度义，唯因我国思想向来着重在伦理方面，所以对于恕的道理也多就人和人的关系言，而不是人对自然的认识言。”[77]例如，《论语·里仁》记载：“夫子之道，忠恕而已矣。”王维说：“中厨办粗饭，当恕阮家贫。”朱熹注释《论语》：“尽己之谓忠，推己及人之谓恕。”《管子·版法解》记载：“度恕者度之于己也。”《宋史》记载：“以义理廉耻婴士大夫之心，以仁义公恕厚斯民之生。”道藏本、吴抄本之所以改“恕”为“恕”，并不是意思的改变，而正是在认识论层面，把事实认知与价值认知更直观、清晰地呈现出来。通过新造字“恕”替代“恕”的过程，把“恕”纳入“知论”，引导人们关注认知中既有受自然规律支配的事实，也有受社会关系制约的价值。

《经说上》中的一段话同时使用了“知”“智”和“恕”，使《墨经》对事实与价值的区分得到了充分验证：

为欲斫其指，智不知其害，是智之罪也。若智之慎文也，无遗于其害也。而犹欲斫之，则离之。是犹食脯也，骚之利害，未可知也，欲而骚，是不以所疑止所欲也。墙外之利害，未可知也，趋之而得力，则弗趋也，是所疑止所欲也。观为穷知而悬于欲之理,砺脯而非恕,恕指而非愚也,所为与不所与为相疑也,非谋也。

这段话的中心意思是,如果在智力上不知道断指的危害,说明存在智力缺陷,此处“智”通“知”,是人的基本认知能力,是对事实的判断能力。而明明知道断指的危害仍然要为之,不是智力所限,而是断指取义,此处对应“恕指而非愚也”,“恕”既不是“智力”,也不是作为输入、输出纽带的“知”,而是对“义”的价值的理解。文中还用“吃肉脯”和“墙外有刀”的例子诠释了受逐利、欲望驱使的认知不仅不会带来智慧,而且容易将人引向歧途,使人失去基本的价值遵循,所以“砺脯而非恕”。墨家的知论已经突破了形而上的哲学体系,对客观事实和价值认知加以区分,强调既然肯定或者接受某种价值体系,那么在实践中就要加以遵循,所以价值之“恕”在于应用,这为论证伦理因果准备了可能性的进路。

关于这种可能性的争论——能否从“事实”中推出“价值”的休谟之问[78],康德的解决进路是提出哲学二元论,把人类知识分成两个来源:感觉经验与纯粹理性。纯粹理性是先验和超验的,不仅包括逻辑概念,也包括因果概念和物理规律,康德以此建立了以绝对命令为主导的道德体系。以至于黑格尔认为康德批判哲学只是休谟不可知论提供的“另外一种解释”而已。[79]《墨经》不是把知识分成两个来源,而是对认知方式加以区分。前者基于唯心论,把大量的笔墨用于论证纯粹理性的合法性,而后者基于朴素唯物主义,更关注伦理因果对伦理实践的推动。正是承认事实与价值存在不同的认知方式,才让《墨经》伦理因果可以不受事实判断的限制,沿着伦理的应然性继续前进。

(三)《墨经》独具创新性的当然判断

模态逻辑中有道义逻辑,即道德伦理的逻辑。其中两个高级的模态词是“必须”“应该”,用模态词“必须”构造“必须肯定命题”,意即必须这样做,才最合乎道德、义务和理想。[80]《墨经》通过对认知阶段的区分,呈现事实与价值的区别,在此基础上用概念和判断将伦理纳入因果体系,并对事实判断和价值判断加以区别:

《经上》:利,所得而喜也。害,所得而恶也。

《经说上》:得是而喜,则是利也。其害也,非是也。得是而恶,则是害也。其利也,非是也。

墨家伦理以关注利害关系著名,无论是利还是害,或是利之中的害、害之中的利,都不是"是"的问题,即不是事实问题,而是在于如何进行取舍的价值问题。据此,《墨经》顺应伦理的应然性,从实然判断中抽离出独具特色的具有应然之意的判断。《墨经》中所说的"举、合、辞、谓、言"都与逻辑上的判断有关。"举"是判断的原则——据实判断;"合"是构成正当、适宜的判断;"辞"和"以辞抒意"是用各种判断阐释义理;"谓"是对事物进行命名,以便用概念构成命题;"言"是用语句构成命题,命题就是判断的语言表述。其中构成判断的"合"包括三种类型:

《经上》:合,正、宜、必。

《经说上》:(合),兵立反中,志工,正也。臧之为,宜也;非彼,必不有,必也圣者用而勿必,必去者可勿疑。

《墨经》认为,判断最重要的属性在于"合","合"包括"正"(实然判断)和"宜"(当然判断①),这是《墨经》伦理因果建构中的独有表达。"当然判断是表示事物应当这样或那样。这种判断所表达的情况不一定是客观存在的,有的还只是可能的,有的还只是人的愿望,有的还表示了强制的意思。"[81]"必"指必然判断。《经说上》中的举例:"兵立反中,志工"是指意向与事功吻合,主观和客观一致——正合,意指实然判断;"臧之为,宜也"是指奴隶所做的事情是其应该做的事情——宜合,意指当然判断;"非彼,必不有,必也圣者用而勿必"是指不存在某事物就必然不能有某情况发生,如"远必有近"——必合,意指必然判断。西方形式逻辑中的判断分为或然判断②、实然判断和必然判断,[82]并不存在当然判断的提法,而是把具有应然意旨的判断归入实然判断。实然判断是当肯定或否定都被看作现实的(真实的)时的判断,实然命题说的是逻辑上的现实或者真理,[83]所以实然判断更适用于事物的属性判断,揭示质的规定性,而伦理作为人与人、人与物[84]相互关

① 也有人称"当然判断"为"应然的判断",详见人民出版社于1981年出版的詹剑锋《墨子的哲学与科学》的第97页。

② 康德认为判断是两个概念之间关系的表象,选言和假言判断不是概念之间的关系,而是判断之间的关系。(参考文献:康德.三大批判合集(上)[M].邓晓芒,译.北京:人民出版社,2017:84.)从《小取》中的"或也者,不尽也。假也者,今不然也"分析,《墨经》把或言判断和假言判断归入了定言判断,也就是康德形式逻辑中的实然判断,作为辞和说的两种特殊形式。

系的规约,是价值的规定性。这种将当然判断和实然判断混淆的做法,正是大卫·休谟怀疑伦理因果可能性的重要依据。[85]

"臧之为"之所以是"宜",根本上取决于当时的社会制度,是社会的价值共识,可以随着社会的发展而发展、变动。而事物的属性在形式逻辑上是永久不变的,所以用实然判断来论证伦理的因果性难以实现逻辑自洽。当然判断的应然性能够举价值之实,立伦理之言,并且以社会现实的客观发展为依据,使伦理脱离"是"与"不是"。从中可以看到《墨经》伦理已经关注到社会科学与自然科学在因果论证中构建判断的差异性,这种差异性让伦理摆脱了形式逻辑的静止性,使伦理与社会通过相互建构达到适配状态。《墨经》在认知领域区分事实与价值之后,创新地提出当然判断,突破了实然判断的本体论视角,规避了形式逻辑用事实推导价值的不可能性,也为技术进步重构社会伦理留下了空间。战国末期,由于手工业的大发展,社会原有的伦理秩序受到空前的挑战,代表新兴生产力的手工业者希望扩大自身的权益,而墨家作为先进生产力的代表,在技术进步重构社会阶层关系方面提出了远超时代局限的伦理准则。《墨经》当然判断的构建,既不来自中国哲学传统的直接感知——假说的方法,也不是理性的"先天的综合判断"——建模的方法(两者都缺乏切实的论据搭建因果),而是用"验行、析物"的方法,以"臧之为"这一社会生活中的普遍现象加以论证,不仅让当然判断的合法性得以确认,也加强了对伦理因果的支撑作用。

二、《墨经》伦理因果的推论

"方不㢓,说也。"伦理因果具有可能性之后,必定需要扎实的推理和论证来"以说出故",加强伦理因果的合法性。《经上》记载:"说,所以明也。"沈有鼎认为:"'说'就是把一个'辞'所以能成立的理由、论据阐述出来的论证。"[86]也就是"立辞必明其故"。对于《墨经》提出的崭新的甚至反传统的伦理观,推论的严密性在某种程度上直接决定了伦理塑造规范共识和价值共识的能力。

《墨经》伦理虽然具有唯物基础,区分了事实认知和价值认知,提出了当然判断,但为了加强判断的合法性,《墨经》把重点放在了伦理因果的推论环节,高度重视推理的方法,形成了中国哲学稀缺的逻辑体系。与西方形式逻辑推理偏重演绎不同,《墨经》虽采用了演绎的方法,但却较早地认识到了形式逻辑在因果论证中的局限性。《墨经》伦理因果推论中的闪光点恰恰是非形式逻辑推论方法的应用,其有力地论证了当时还没有被广泛接受的伦理主张。此外,《墨经》伦理基础的唯物性决定了论证伦理因果的方法论体系也遵循唯物原则,坚持伦理因果关系建构中思维和实践的统一、思维规律和客观规律的统一。这种逻辑和非逻辑相结合的方法被胡适总结为:"墨家的名学,虽然不重法式,却能把推论的一切根本观念,如'故'的观念,'法'的观念,'类'的观念,'辩'的方法,都说得明白透彻。"[87]《墨经》将伦理内容和客观条件作为选择思维推理方法的依据,而不同于西方古典哲学中普遍接受的观点——"形式是思维规律的本质"[88]。

(一)《墨经》伦理因果推理原则的再思考

梁启超认为"以类取,以类予"是《墨经》三段推理的原则。[89]本书认为《墨经》的推理原则有待重新思考。因为"以类取,以类予"之后紧跟着"有诸己不非诸人,无诸己不求诸人",从段落结构和句子结构来看,这两句话和"以类取,以类予"不可分割,组成完整的意思表达,共同代表演绎、归纳、类比,而且类比更被具体到诸己和诸人之间的关系:自己赞同的不反对别人赞同,自己不赞同的不要求别人也不赞同。这与按照演绎逻辑规则推出的结论不同,演绎逻辑推出的是必然的、必须接受的结论。所以"以类取""以类予""有诸己不非诸人,无诸己不求诸人"合起来构成的是《墨经》推理的方法体系,而非推理原则。

本书认为"以理长"才是《墨经》伦理因果的推理原则。《大取》中给出了立辞三要素:"以故生,以理长,以类行者也。"但《墨经》六篇系统地阐述了"故"与"类",似乎遗忘了"理"。不仅《墨经》中无"理"的专门解释和举例,《墨子》的其余四十七篇也没有提及"理"。《墨子·非攻下》中的"字未察吾言之类,未明其故者也"也只提到了"类"和"故"。"故"是事物的因果,有因果的存在才能命题,"类"是通过分类界定已有命题的推理范围,在"故"与"类"之间的"理",是阐述和论证因果成立的理由,是表述因果命题合法性的关键所在。《荀子·非十二子》中提到的"持之有故,言之成理"就是此"理"。《墨经》对"理"的选择性遗忘,看似遮蔽了"理",实则是用多元方法推论因果的过程来昭示“理”的存在,用“唯有强股肱而不明于道,则必困也,可立而待也”来强调理(道)的重要作用。运用多种推理方法,阐述和论证道理的过程就是“以理长”。“以理长”不仅是《墨经》伦理因果的推理原则,也是其全部六篇涉猎的多学科内容因果立论的基本原则。

《墨经》伦理高度重视“以理长”,既是现实需要,也是墨家理论体系自然科学、社会科学与思维科学并重的体现。首先,《墨经》对墨子的“兼爱”“非攻”“尚贤”“尚同”等伦理主张既有继承,也有发展,一些伦理观点已经超出了墨家之前的伦理指归,如“爱人不外己,己在所爱之中”“杀盗非杀人”等。这类发展性的伦理准则如果不借用一定的推理来完成因果的合法性建构,必定被认为前后矛盾,难以自圆其说。其次,墨家伦理脱胎于对儒家和道家伦理主张的继承和批判,其从产生之初,就承担着反主流的重任,对各家的批判和反驳是墨家伦理能够铺陈的开路先锋,推论方法无疑是辩之重器,如《墨经》用“止”的论式批评儒家的“无不让”、阴阳家的“五行常胜”和道家的“欲恶伤生损寿”等论点。最后,《墨经》的体例是伦理因果与自然因果并述,所以伦理因果的推论借鉴了大量研究和阐述自然科学的方法,通过逻辑和非逻辑的综合运用,因事施法,使伦理因果的合法性得以澄明。

(二)《墨经》中使用的伦理因果推论方法

胡适着重对《墨经》的“说知”,即推理的学说,进行了比较解释,指出“说”即推论[90],是依靠一个或若干前提的认识过程[91]。察类明故,孔子的能近取譬思想属于经验论的范畴,是人与人之间的伦理关系的一种类推。[92]《墨经》中的伦理因果推论既用了有名的推论方法,也用了当时无名、现在有名的推论方法,“说”和“辩”的大类包括:“以类取”的归纳、“以类予”的演绎、“有诸己不非诸人,无诸己不求诸人”的类比。《墨经》还使用了推理和推类相结合的论证方式:推理具有鲜明的理论指向,是由此及彼,以概念为逻辑起点走向结论,是从理论到理论;而推类不仅是逻辑问题,更是实践问题。

在具体的论证方法中,《小取》介绍了七种推论方法:“或也者,不尽也。假者,今不然也。效者,为之法也……辟也者,举他物而以明之也。侔也者,比辞而俱行也。援也者，曰子然，我奚独不可以然也？推也者，以其所以不取之同于其所取者，予之也。”詹剑锋认为：“或是选言推理，假是属于假言推理，效是属于直言推理，故三者是演绎推理。”[93]譬(辟)、侔、援、推是上述三个大类下的推论方法。此外，沈有鼎将止、擢也作为两种推论方法。凡根据一种思想引出另一种思想的是“擢虑”，是类比推理，“擢疑”就是没有命题，无法进行类比推理。可见“有无”是类比推理的重要依据：

《经上》：止，因以别道。

《经说上》：彼举然者以为此其然也。则举不然者而问之。

举与对方相反的事实，如果对方可以对相反的事实进行解答，那么他的道理就可以成立，否则就要推翻。“‘止’和‘推’都是反驳的方式，都用于‘辩’中，其他六种既用于‘辩’中，也可以单纯用于‘说’中。”[94]孙中原认为，“推”是归谬式类比推理，既有类比推理的形象性、鲜明性与生动性，又兼有归谬法这种演绎推理的间接反驳方式的必然性和势不可挡的逻辑力量，所以为墨家和其他诸子百家所乐于采用，并且在现代生活中，还保有强大的生命力，被经常、普遍地应用。可见墨家总结的“推”这种归谬式类比推理的宝贵价值及其影响之深远。[95]

在以往的研究中，常常将这些方法直接归为形式逻辑的推理方法，这种归类的准确性有待商榷。但从《墨经》的阐述和举例来看，这些方法与形式逻辑的方法既有联系，也有明显的区别，并不是一一对应的关系。

1.《墨经》明确指出了形式逻辑的不足

因果关系是将具体事物的联系用抽象思维的方式加以确定，所以抽象性是因果关系得以建构的基础，这使得在现实问题的解决过程中，人们常常陷入因果关系的抽象性中，使具体—抽象—具体的认识与实践过程蜕变成具体—抽象—再抽象的过程。就像海德格尔反思的那样，西方哲学只关注存在者，而存在本身久已被遗忘，从亚里士多德到康德、黑格尔，整个西方的形而上学史就是存在的遗忘史。[96]

形式逻辑继承了形而上学的全部优缺点，其起点在于数学和符号的超越时空性，随即走向了形而上的事实抽离之路。继承和改造墨家的“名家”逻辑，就是让语言成为纯粹运行的符号，把抽象出来的符号作为哲学思辨研究对象。形式逻辑的终点是经得起数学的检验,呈现自洽之美。这为自然科学打开了一扇大门,同时也关闭了关怀事物本真存在的心灵之窗。

《墨经》充分认识到了形式逻辑的“双刃剑”效应,为发挥其必然性推论的优势,《墨经》不仅在论述古代自然科学的部分大量使用形式逻辑,而且在伦理因果的论证中多处使用了形式逻辑中的演绎推理,如阐述“尽爱”可能性和“学之有益”时:

> 《经说下》:人若不盈无穷,则人有穷也,尽有穷无难;盈无穷,则无穷尽也,尽无穷无难。不智其数,恶智爱民之尽也?或者遗乎?其问也尽问人,则尽爱其所闻。若不智其数而智爱之,尽之无难。
>
> 《经下》:学之益也,说在诽者。
>
> 《经说下》:以为不知学之无益也,故告之也。是使知学之无益也,是教也。以学为无益也教,誖。

《墨经》重视形式逻辑在论证中的重要作用,但也对形式逻辑万能的做法持保留态度。如张耀南所说:“逻辑乃是在应乎文化的需要而起的。文化上的需要若有不同则逻辑的样子便亦跟着有变化了。所以我说逻辑是交织在全文化中随着文化而变化,并不是逻辑为普泛的规则以作任何人类思想的唯一依据。”[97]墨家正是关注到了中国社会的文化样式和习惯。墨家虽以逻辑在诸子百家中见长,但与公孙龙和名家以及亚里士多德的逻辑学不同,其鲜明地指出了在伦理因果论证中形式逻辑的不足,对推论方法的采用秉持审慎态度。

首先,《小取》中指出,“譬”在比喻时要注意“夫物有以同而不率遂同”,“侔”辞要“有所至而正”,也就是说,这种形式变而意义不变的命题有一定的限度和规则,超出限度就将走向谬误,所以用“止”式推论来加以限制。“援”要注意“其然也同,其所以然不必同”,援例不能只根据事物之然相同,更要根据其所以然相同,否则就是生搬硬套。“推”辞既要注意“取之”(结果)的正确性,又要注意“所以取之”(方法)的重要性。方法不是不变的,而是随着主、客观条件的变化而有所差异。“行而异,转而危,远而失,流而离本,则不可不审也,不可常用也”,是墨家使用形式逻辑的原则。《墨经》从方法论的视角给出了可能出现推论错误的原因:立言“多方”(不同的范畴),“殊类”(不同的本质),“异故”(不同的条件和理由),不可偏观。“推类之难，说在量”“异类不比”都是对推论提出的边界警示。

其次，《墨经》提出了不同语境对推论的影响，分析了推论中容易引起谬误的五种情况：“夫物或乃是而然，或是而不然，或不是而然，或一周而一不周，或一是而一不是也。”同样是“侔”式推论，在不同的语境下，也会存在不同的分类和原因，对于“是而然”的情况，推论可以成立，但对于“是而不然”的情况，不能直接成立，要加“非”字，如“其弟，美人也，爱其弟，非爱美人也”，对于“不是而然”的情况，要去掉“非”字，如“有命，非命也；非执有命，非命也”。在形式逻辑中，上述殊类异故之侔均接近于演绎，但却是根据不同原因进行分类的演绎，形式逻辑在原则上只承认“是而然”的演绎，所以有学者认为“是而不然”的“杀盗非杀人”是多层合取命题，不是推理。[98] 由于“殊类异故”的存在是不争的事实，在现实中可以找到充分的实例，所以在伦理因果论证中，对推理内容进行分类是应现实做出的选择，对演绎法的拓展不可避免，使其更加丰富、灵活、合理，与伦理实践相适应，这是《墨经》思维与实践、思维规律和客观规律统一的具体体现。

再次，《墨经》除了从方法论的角度检视存在谬误的缺陷，还关注伦理内容本身对方法的要求，这由《墨经》唯物的基础所决定。侔在字典中是齐、相等之意，在伦理因果的论证中用来推理兼爱人之平等，足见《墨经》伦理因果的推理不是随意阐释，而是有着内在的方法论与主旨内容的契合。侔的“比辞而俱行”有力地支撑了《墨经》所提倡的、当时还无法被广泛接受的伦理主张，足见《墨经》中推理方法的使用注重条件的限制，具体问题具体分析，拒绝陷入毫无意义的诡辩中。以论述推理方法为主的《小取》看似是方法论的精彩呈现，实则每一种方法的举例均是对墨家伦理观点的彰显和对百家个别伦理观点的有力反驳，根据不同的内容需要，选取不同的推理方法，形式服从主旨。

最后，《墨经》指出了伦理因果论证的特殊性。伦理的形成不是单纯的符号问题，而是深深扎根于个体本身，由自身及与外部世界互动的方式决定，受到身心与环境的约束，具有深刻的进化适应性意义。把伦理中的抽象概念、命题进行具象表征是伦理因果推论能被接受的关键，所以基于符号思维的形式逻辑并不是伦理因果推论的天然工具。伦理因果较之自然因果有其独特性，例如：

《经下》：在诸其所然，未者然，说在于是推之。

《经说下》:尧善治,自今在诸古也;自古在之今,则尧不能治也。

从所然推未然虽然是一般推理的方法,但是对于伦理因果的建构并不完全适用。例如,尧善于治理国家,这从现今看古代是已然的事实,但是不能以为在古代能行的事情在今天也能行,让尧来治理今天的国家就不见得能行。换言之,逻辑是相对静止的,但人类社会是永恒发展、变化的历史进程,对待人类社会伦理治理的问题,必须将历史方法和逻辑方法相结合才能达到"志功"。墨家是站在唯物史观的角度来论证伦理因果性,所以势必突破形式逻辑演绎的局限性,探索多元的论证方法。

2.《墨经》重视类比和"譬"在伦理因果推论中的使用

类比法是由一种个别推向另一种个别,和归纳、演绎相比,类比是推理性最弱但可行性最强的一种思维,因此最有创意,但创意的可信性较低。这属于一种由此及彼的联想思维,通过不算严谨证明的推理模式,也有可能证实某个结论。类比推理独立于归纳推理、演绎推理、溯因推理。[99]广义的类比包括比例、相同、比喻、明喻、隐喻、对比、基于实例的推理等。狭义的类比是指为了证明某结论而基于事物之间的相似性展开推理。狭义的类比主要是逻辑学意义上的一种推理形式。[99]哲学逻辑教研室编著的《逻辑学》中对类比推理的定义为:类比推理是根据两个或两类对象在一系列属性上相同或相似,推出它们在其他属性上也相同或相似的推理方法。通过类比来进行论证的好处是,如果我们能在两个探索领域中做出令人信服的比较,就可以利用在其中一个领域获得的知识,来阐明另一个领域中的问题,得到显著成效。

早期墨家的三表法就是典型的类比推理。《墨经》伦理因果的推论沿用了《墨子·非命上》提到的三表法:"故言必有三表。何谓三表?子墨子言曰:有本之者,有原之者,有用之者。于何本之?上本之于古者圣王之事;于何原之?下原察百姓耳目之实;于何用之?废以为刑政,观其中国家百姓人民之利。"从中可以看出,墨家将立言论证的基础"本"排在首位,论证伦理本源的标准是承袭历史上圣王之事,论证伦理因果的标准是百姓的耳闻目见,也就是所谓的民意,评定伦理实践的标准是看是否符合国家、百姓的利益。由三表法即可洞见类比推理在墨家伦理因果论证中的重要地位和作用,例如:

《经上》:忠,以为利而强低也。

《经说上》:不利弱子亥,足将入,止容。

“忠”是指在看到对君主有利的情况时要积极而为,阻止君主做不利的事情,为幼主尽忠,甚至不怕篡权的罪名。这个典故出自西周初年,周公辅政,管叔等人作乱,散布流言说周公将不利于孺子。墨家从止小儿入井类推到君臣的政治伦理:辅佐幼主时,一定要直言对其不利的事情,同时又要保持臣子的礼节。

《墨经》以逻辑见长,多有归纳、演绎,但依然遵循中国哲学的传统,重视类比推理在伦理论证中的作用。譬、侔、援、推都有类比推理的旨趣。《墨经》将多种方法相叠加,各种方法相互制约又相互促进,以增强类比的论证力度,赋予了“类”逻辑意义,借由事物之间的相互联系和共同属性,推出新的道理,为伦理建构提供了方法支撑。

《墨经》重视在类比中加“譬”以增强说服力。譬不是形式逻辑的推论方法,而是运用比喻的方法,由一个概念推出另一个概念,即列举他物来说明正在讨论的此物,通常二者为不同类事物,以具体譬抽象,以明显譬隐晦,以近譬远,用具象增强结论的真切性,留有想象和延展的空间。譬既包括明喻,也包括隐喻。明喻如《经上》:“功,利民也。”《经说上》:“不待时,若衣裘。”隐喻是用对彼类事物的感知、体验、想象、理解来论证此类事物的心理行为、语言行为和文化行为。所以在论证伦理这一与人的感知以及心理、文化行为密切相关的论题时,譬明显优于拒绝展开感知和想象的形式逻辑。

《大取》中对“辞”举了十三个分类的例子,譬、援、推并用:“故浸淫之辞,其类在鼓栗。圣人也,为天下也,其类在于追迷。或寿或卒,其利天下也指若,其类在誉石。一日而百万生,爱不加厚,其类在恶害。爱二世有厚薄,而爱二世相若,其类在蛇文。爱之相若,择而杀其一人,其类在阬下鼠。小仁与大仁,行厚相若,其类在申。凡兴利除害也,其类在漏雍。厚亲不称行而类行,其类在江上井。不为己之可学也,其类在猎走。爱人非为誉也,其类在逆旅。爱人之亲若爱其亲,其类在官苟。兼爱相若,一爱相若。一爱相若,其类在死也。”其中既有“蛇文”的明喻,也有“猎走”“逆旅”的隐喻。这些类比看似违背了墨家坚持的“不类不比”原则,实则是墨家的价值判断已经走出了形式逻辑的局限,以典故、先王古训、社会现实等为参考,以凝聚价值共识为目标,为道德实践准备了条件。其中,“厚亲不称行而类行,其类在江上井”用来反驳儒家的等级之爱,认为厚爱至亲,不依照其行为,而由亲疏远近的关系类推排序,决定爱之厚薄,这就好比在江边凿井,舍无限江水而取有限井水为用,即江之博大与井之局限的比较,譬喻使兼爱无厚薄的优势了然。

3. 直觉法和形象思维法的应用

《墨经》不仅使用了明确阐述的方法,还使用了当时无名的方法来论证伦理因果,如墨家善用的“体道”和“验行”(即直觉法和思维实验)。直觉是思维者把整个世界(包括其自身)视为一个整体,依赖于自身的直观体验去整体地、辩证地把握世界的一种模式;并且是通过思维者对人生、社会伦理道德的规定,由对自我的完善推及对世界的整体把握的一种认知模式。[100]这种思维方式的特征表现在人们用内心体悟的方式去认识事物,这种体悟是主体对客观对象直接认识的经验反映。《小取》中的“获之亲,人也;获事其亲,非事人也”就是道德直觉战胜推论的经典诠释,“获”虽然是服务于人的奴隶,但是其侍奉父母就不能和侍奉人统一。道德直觉是思考道德案例时产生的想法,某种道德理论如果与道德直觉一致,通常会被认为具有很大的优势。

墨家重视实验的方法,其关于影的实验论述被钱临照先生誉为“两千多年前世界上伟大的光学著作”[101]。如今的思维实验是描述某种情况,以刺激人们去深入思考的心理虚拟测试。“墙外有刀”就是典型的思维实验。此外,乔纳森·沃尔夫认为,道德哲学中还有两种比较常用且在很大程度上属于道德哲学特有的论证方式,一种是普遍化的方法,就是推己及大家,来验证行为的合理性,另一种是不可将事实与价值混淆,要防范从事实中推导道德结论。[102]《墨经》中也使用了这两种方法。

形象思维法是在形象地反映客观存在的具体形状或姿态的感性认识基础上,通过意象、联想和想象来揭示对象本质及其思维规律的思维形式。形象思维的一般过程是用意象进行联想和想象。意象就是对同类事物形象一般特征的反映。联想是由一事物想到另一事物的思维活动。想象是在联想的基础上,加工原有意象而创造新意象的思维活动。《墨经》经常使用形象思维法,例如:

《经下》:倚者不可正,说在剃。

《经说下》:倚:倍、拒、坚、身加出,倚焉则不正。兼爱相诺,一爱相诺。

有些东西要保持重心不出底面就得偏斜一点,不可以是正的,如梯子。《经下》说梯子,但是《经说下》的阐释中并没有解释梯子,而是以人身为例,用人身的几种偏斜姿态将梯子的偏斜现象形象化,以人的偏斜姿态的细微差别帮助人们认识梯子的偏斜,惟妙惟肖的形象思维法让没有见过梯子或者没有仔细观察过梯子的人有更准确的认识。梯子是意象,人的姿态是联想,把梯子摆放成人的姿态是想象,简洁、精当的短短两行字将可以形成论文的力学原理昭然眼前,将抽象晦涩的概念用画面替代,使人对对象的理解更加明朗透彻。《经上》记载的"方,柱隅四讙也""端,体之无序而最前者也"均是形象思维法的表达,下面一段则更为绝妙:

《经上》:动,或徙也。

《经说上》:动,偏祭徙者户枢免瑟。

在描述运动的两种情况时,空间位移运动比较好理解,直接定义为徙,而没有位移、原地运动的情况可用门和门框的关系来解释,门在除去门框的阻碍时,就可以转动一周。对原地运动的阐述既建立在对运动的意象层,又通过门在门框的规制下转动的联想,最后进入超常规的门脱离门框运动的想象。

《经上》:穷,或有前不容尺也。

《经说上》:或不容尺,有穷,莫不容尺,无穷。

有穷是指一个区域的边缘再往前连一线之地也不能容纳了,但是从整个区域来说,没有不容一线的宇,这就是无穷。对于抽象概念,特别是现实世界无法通过"五路"理解的概念,形象思维法更显示了其不可替代的作用。对于线和有限区域,房间是意象,空间的尽头不容一线是形象化的联想,广阔的宇宙没有边缘,没有不容一线的情况是形象化的想象。这种想象突破了原有的形象,形成了实践中无法感知的镜像,用已有的形象和联系建立了新的形象和联系,能够突破现实的局限性,抓住对象的主要矛盾,对对象进行简化和纯化,有利于揭示对象的本质和规律,在技术领域有着更为突出的意义。

以形象整体思维观察与认识事物可以简化为:从形象到形象,即从具体事物的形象到可以概括这一事物的宏观形象。[103]运用形象化方法来观察、认识事物的方式,被今人看作一种直观的或直感的思维方式,通常被认为是不科学的。然而中国人却由此出发,使以形象化方法观察事物的方式上升到一种独特的思维方式——形象整体思维。借此,中国人不仅创造了众多具有首创性和独创性的领先世界的科技成就,在科技方面显示了卓越的聪明才智,而且在伦理层面,让抽象伦理始终在从形象到具体中展开。形象思维法通过揭示自然科学的规律得以确立自身的可用性,随即被迁移到伦理因果的论证中,类比、譬的应用都是将伦理形象化的过程,使伦理论证走上了具体—抽象—具体的道路。

三、《墨经》伦理因果的能动性

《墨经》伦理因果的终极关怀不是建立理念世界,而是以"故""法""志功"为主线,完成从理论向实践的跨越。其伦理因果的能动性表现为推动伦理践行的能力:第一是从历史、社会发展、已有的思想观念与解释性方向展开,充分释放伦理因果的合法性,树立使社会成员自觉遵循的权威;第二是在此种因果关系上的伦理规约,其具备行为上的可实现性,能动地提升伦理规范在实践中的可执行性、接受度,并根据崭新的社会实践和时代发展的需要,能动地自我完善和自我革命,形成代表社会前进方向的伦理体系。

(一)《墨经》伦理因果的实践指向:社会共识

伦理的可能性在某种程度上取决于伦理的可行性,无论伦理如何完善,其终极意义都在于能够在人际交往实践中得以外化。康德把道德意志向道德行为转化的推动力分为假言命令和绝对命令,但康德的道德义务难以实践。《墨经》的伦理因果强烈地指向社会共识,在此基础上,伦理实践具有了广泛的接受度,拥趸甚众,韩非子评价:"世之显学,儒、墨也。"[104]

自然科学和社会科学、思维科学并举的《墨经》较早地注意到了科学因果与伦理因果的本质区别在于,前者以纯粹客观性为基础,后者以凝聚社会共识为基础。科学的因果性表现为确定不移的必然性,伦理的因果性却很难证明其必然性,但如果伦理因果只有偶然性,不具有稳定性和可预见性,人人都只是选择性遵守,必将引起社会失序。但从唯物史观的角度来看，社会在大多数时候都能有序运行，所以伦理因果不是偶然性的集合。这就说明，必然性和偶然性都不是伦理因果的第一性，伦理因果所阐明的“道理”被社会普遍接受的程度才是伦理的生命所在。伦理之“故”的论证越充分，越符合人类社会发展的“然”，达成越多的社会共识，驱动“志行”的能力就越强。《墨经》伦理因果充分利用已有的社会共识，在此基础上建构和完善了体现强烈社会需求的新共识，强化了伦理实践上的可行性。

首先，《墨经》的伦理实践命令建立在自律的基础上：

《经上》：令，不为所作也。

《经说上》：所令非身弗行。

要求别人按照伦理原则做事，是否被对方接受还未可知，这是伦理动因的“命令”的前提，不存在大家必须执行的所谓“绝对命令”。虽然百家的伦理思想各有不同，但均重视和推崇伦理的自觉践行，如孔子的“其身正不令而行，其身不正虽令不从”[105]，荀子的“天地相合，以降甘露，民莫之令而自均”[106]，这种强调自律的伦理观与“所令非身弗行”“我使我，我不使，亦使我”异曲同工。

其次，《墨经》以“兴天下之利”为核心的伦理观在实践中并没有遇到康德“绝对命令”的困境，在于对“天下”观念的社会共识。在诸子的名篇中，都可以找到“天下”的提法，赵汀阳把“天下”的意义概括为三：地理学意义上的天底下的所有土地，土地上生活的所有人的心思，即民心，世界一家的理想。[107]《墨经》倡导增天下福祉，正是建立于普遍承认“天下”存在并尊“天下”的社会共识下。

再次，中国社会始终积极鼓励个人的后天努力，这也是华夏五千年文明未有断层的重要原因。《墨经》强调后天因素，人的行为实践会对人性、道德产生影响：“诸陈执既有所为，而我为之陈执；执之所为，因吾所为也。”同时，《墨经》强调人的行为实践能够创造新的后天因素，进而形成新的伦理习惯：“若陈执未有所为，而我为之陈执，陈执因吾所为也。”发端和成长于唯物性基础上的《墨经》伦理在实践中的体现，就是以社会客观存在为依据，利用已有共识，凝聚新共识，扩大伦理践行的辐射面。这也证明了伦理原则并不具有普世约束力，不同的社会制度和发展水平决定了不同的社会共识，寻求普世伦理不具有现实性。

最后，《小取》把社会共识用“法”确定下来。“效者，为之法也。”如果不能产生

相同的效果,就不是正确的因果关系。《墨经》的“法”作为标准并非主观臆断,而是社会客观现实的反映,是民心所向:

《经上》:法,所若而然也。

《经说上》:法,意、规、员,三也俱,可以为法。然也者,民若法也。

将以上两条解说合起来看,就可以看到“然”“故”与“法”的关系。“然”既包括自然社会的客观实在,也包括人类社会的客观存在,就伦理而言,人们能依从的客观实在就是已有的社会共识,就是“法”。客观实在的规律如果能被正确地认识,人们依从其规律的行为就是正确的。一类的“法”就是一类所以然的“故”,用规写圆,就是成圆之“故”,所以凡是正确的“故”,都可作为“法”,依“法”行事,就可产生正确的效果。“法”的客观性又决定了社会共识不是一成不变的,伦理之“法”随着社会发展而变动。“故”和“法”都服务于“利天下人”之“用”。

(二)《墨经》伦理因果的实践品格:与时俱进

春秋战国时期是中国社会一个重要的发展阶段。在这一时期,社会的经济、政治结构发生了急剧变更,社会的经济、政治、思想的巨变体现为西周官学与诸子思想的文化冲突。新的社会阶层的崛起,既要求对生产关系进行变革,也要求对原有的政治伦理、社会伦理等进行变革,以满足本阶层整体利益的实现。《墨经》成书于战国后期,[108]从奴隶制向封建制过渡的历程即将完成,社会发展趋势较墨子所处的时代更加明确。《大取》阐述了伦理实践的继承性和发展性的统一,除了特别强调“古者圣王之事”可以作为伦理实践的标准外,还认为伦理是随着时代而发展的,“昔之知墙,非今日之知墙也”。《墨经》在墨家原有伦理观的基础上,提出了适应时代的伦理诉求——“利己”与“利天下”的统一。

战国末期,社会阶层快速流动,社会释放出巨大活力,个体的时代诉求不断彰显,连一向攻讦墨家的荀子都注意到了个体需求的重要性,提出“不富无以养民情”。[109]如果说墨子完成了“义”与“利”的统一,《墨经》就完成了“利己”与“利天下”的统一。墨子原有伦理的实践标准是“舍己利天下”和“摩顶放踵利天下,为之”。墨家所谓的“天下”,不是君主意义上的“天下”,《墨子·天志》把君主也置于天下之内，认为君主同样受天志的规约与惩罚、奖赏。墨家的“利天下”具有广泛的自然社会和人类社会基础。庄子感慨：“墨子真天下之好也，将求之不得也，虽枯槁不舍也，才士也夫！”[110]庄子对墨子“舍已利天下”的实践给予了高度肯定，但也认为：“墨子虽能独任奈天下何！离于天下，其去王也远矣！”也就是说，墨子的严格自律很难让普通人去践行，这代表了当时相当一部分人的观点。一方面，《墨经》肯定舍已，弘扬任侠道义：

《经上》：任，士损己而益所为也。

《经说上》：任，身为之所恶，以成人之所急。

任侠品质的高贵之处在于情愿对自己有所损失而能对所做的事情有益的一种精神。“任”就是为了成全别人的急难，情愿做自己不愿做的事情。墨家任侠品质的顺序是为有益之事，然后是成全人之急难，具有鲜明的对事不对人特征，不因对有急之人的爱憎欲恶改变有益之为。

另一方面，《墨经》直面各家的批评，从“体”和“兼”的统一性出发，在“舍已利天下”的基础上，加入了利天下也不忽视个人利益的主张，“是利人，可利一人，可利国中百姓”，但利人不是终点，根本上是为了利天下。从《大取》对“厚禹”的因果分析中可以看出，厚禹不是简单地为禹本人，而是为天下形成道德榜样：“为天下厚禹，为禹也。为天下厚爱禹，乃为禹之蔼然也。厚禹之加于天下，而厚禹不加于天下。”同时指出：“为赏誉利一人，非为赏誉利人也，亦不至无贵于人。”这表达了把整体社会观下对个人利益的关照作为伦理实践标准的观点，强调个人与社会的对立中统一，既兼顾个人发挥主观能动性的利益驱动，也没有违背墨子“利天下”的宗旨，从而调动最广泛的力量共同实现“利天下”的伦理目标。

《墨经》还指出，在个人利益与天下人利益发生冲突时，应牺牲个人利益，保全天下人的利益。《大取》记载：“杀一人以存天下，非杀一人以利天下也；杀已以存天下，是杀已以利天下也。”在后期墨家看来，“兼爱”是为了天下人的利益，是最高的社会理想，为了实现“利天下”，牺牲自己理所当然。《墨经》“利已”与“利天下”的统一，既符合时代发展的需要，又是合乎辩证法的合理思维。

(三)《墨经》伦理因果的实践诉求:人本思想

1.《墨经》最早提出了“获”“臧”皆为人的平等观

墨家的核心主张“兼爱”本身就是墨家伦理平等性的有力证明,在执行的层面,兼爱首先要扫除阶级间的不平等。《墨经》提出“兼爱”可以实现的基础,首先提出“礼”不因贵贱等差而有区别:

《经上》:礼,敬也。

《经说上》:贵者公,贱者名,而具有敬僈焉,等异论也。

其次,《小取》大胆地吹响了“臧”为人的时代号角,在奴隶制向封建制大转折的混乱年代,墨家准确地把握了时代的发展趋势和社会真正的进步方向。“获,人也;爱获,爱人也。臧,人也;爱臧,爱人也”既是对“获”和“臧”人格的肯定,也是兼爱不外“臧”“获”的博爱,更是墨家将兼爱发展到一定阶段的自我革命和扬弃,墨家甚至提出了君主和臣民的平等,认为双方不是隶属关系,而是契约关系:“君,臣萌通约也。”同时,墨家坚决反对伦列之爱,认为“有厚薄而毋,伦列之兴利为已”。这些具有划时代意义的平等观,不仅是中国哲学史的里程碑,更是整个人类发展史的里程碑。

最后,《墨经》平等观的另一个可贵之处在于鼓励具体之爱,反对抽象之爱。《大取》提出:“爱获之爱人也,生于虑获之利。虑获之利,非虑臧之利也;而爱臧之爱人也,乃爱获之爱人也。去其爱而天下利,弗能去也。”关爱婢女这种爱人的行为,是考虑婢女的利益。考虑婢女的利益不是考虑奴仆的利益;但是关爱奴仆与关爱婢女在抽象的爱上是一样的。如果要去掉所爱的具体对象而使天下获利,就令人无法做到了。爱众世与爱寡世,爱上世与爱今世相等。兼爱求整体不可分、尊重与平等。在当时社会保障缺失的环境下,对底层人民的具体之爱会大大提高他们的生活保障水平,维护社会的繁荣与稳定,而抽象之爱常常会成为一种虚设,口惠而实不至,无法解决社会体制机制缺失的问题,也就无法从根本上保障底层人民的利益,无法推动社会的可持续发展。

2.《墨经》最早提出了不能“尽恶其弱”的非歧视原则

《大取》提出了实践中容易造成不平等的偏见和歧视问题:“是室之有盗也,不尽是室也。智其一人之盗也，不尽是二人。虽其一人之盗，苟不智其所在，尽恶其弱也。”知道这个房间里有盗贼，不要厌恶房间里的所有人。知道某一个人是盗贼，不能随便怀疑其他人。虽然知道某一个人是盗贼，若不能确定为何人，则不能将所有人都视作盗贼的同伙来厌恶。这是希望在实践中所厌恶的人尽量少，所爱的人尽量多。墨家主张对某一个人或团体的认识必须建立在客观事实的基础上，反对对一个人的认识建立在对其所在团体的认识基础上或对团体的认识建立在对个别人的认识基础上，预设一种不公平、不合理的消极否定态度，这样可以有效地缩小打击面，扩大兼爱的范围，具有鲜明的人本思想。“惟害无罪”的原则同样是人本思想的重要体现，违反国家的法律是犯罪，但如果是怠慢、懒惰，虽然其对于家庭、社会有害，但是没有触及法律，不能说是犯罪，将法律和道德进行区分，给人改过自新的机会。

3.《墨经》最早提出了“爱己非用己”的人本思想

中国哲学的民本思想早已有之，但民本服务于国家治理，是从维护君王统治的角度关注民生福祉。而《墨经》以人本身以及人与人、人与社会之间的关系为出发点，鲜明地表达了人是目的，不是手段：

《经说上》：仁，爱己者，非为用己也，不若爱马，著若明。

仁的本质是爱民，不同于工具意义上的爱马，《墨经》明确指出不能把人看成手段。正因为人不是手段，所以要根据每个人的具体情况，确定其在社会分工中的角色：

《经说下》：举不重，不与箴，非力之任也；为握者之觭倍，非智之任也。

能举起重物的人，不一定会用针做活儿，因为这不是力气所能达到的；用手握住小物，让人猜测奇偶的游戏，也不体现智力。《墨子·耕柱》也提到：“能谈辩者谈辩，能说书者说书，能从事者从事，然后义事成也。”这些思想都在强调，人不是全智全能，而是各有所能、有所不能，人不是如工具般整齐划一，有所不能并不妨碍一个人的智能，因为他总是有所能的，人的智慧就和人的官能一样，各有所能、有所不能。每个人只要按照个人的禀赋做好能够做的事情，就能达到“义事成”的效果。这是墨家对人的主体性的歌颂，人的自由而全面发展与社会之间的关系不言自明。

(四)《墨经》伦理因果的实践原则:主客观统一

《墨经》在伦理实践层面,并没有追求"绝对命令"的强制性,也没有寄托于人性本善和人的自觉性,而是走出人性善恶的本体论争辩,深入考量实践中影响伦理实现的因素,以环境为参照,执行主客观统一的原则。

《墨经》用了大量篇幅来论证:在伦理实践中,受具体条件限制,不能用伦理因果的范式来套用现实,作为检验行为是否合乎伦理的绝对标准。相反,伦理的执行尺度在于"权正利害"和"问故观宜"的统一,"权"和"宜"是伦理实践的关键点。"权"的本意是秤锤,其作用在于保持平衡状态,孟子所说的"权,然后知轻重,度,然后知长短。物皆然,心为甚"[111],肯定了价值判断中"权"的重要性。《大取》记载:"所体之中而权其轻重之谓权。权非为是,亦非为非也,权正也。""权"不代表"是"与"非"的绝对价值,而代表讲求公正[112]的相对价值。"问故观宜"是指在相同的原因条件下,仍要考察具体事实来选择"宜"。《经说下》记载:"宜,犹是也。"《说文解字》记载:"宜,所安也。""宜"就是让人感觉到舒适、合理。伦理实践中的"权"和"宜"昭示了《墨经》伦理因果的实践旨趣在于相对躬行,多利益相关方的适宜。行为的合宜、合适、节制、有分寸是实现人际和谐的途径。《墨经》将影响伦理实践的具体因素分为主观和客观两部分,首先要考虑人的主观因素:

> 《经上》:欲正权利,且恶正权害。
>
> 《经上说》:仗者两而勿偏。
>
> 《经下》:无欲、恶之为益损,说在宜。法异则观其宜。
>
> 《经说下》:正贯也宜不宜,正欲不欲。

认知领域存在事实与价值两部分,对价值上的利害的认识总是和人的爱憎有联系,对利害的认识完全不包含爱憎等主观因素是不符合人的认知实践的,最好的办法是使爱憎正当化,在事物的正反两面进行深入、具体的考量,在实践中做到"二者,尽也"。

另外,《墨经》高度重视伦理实践受客观因素影响的具体性。例如,关于勇敢和礼让的具体分析显示了伦理标准与应用场景的关系:

> 《经上》:勇,志之所以敢也。

《经说上》:以其敢于是也,命之;不以其不敢于是也,害之。

《经下》:无不让也,不可,说在始。

《经说下》:无,让者酒,未让始也,不可让也。若殆于城门于臧也。

《墨经》认为,勇敢是从意志到行为的具体过程,但所谓勇,不是要求人在任何方面和任何事情上都敢作敢为,只要他在某一方面或者某一种事情上有所作为,就可以称为勇,在其他方面有所不敢,并不妨碍称他为勇。礼让的美德要视时间、地方和条件而行,例如,在小路上遇人通行,只能循序而行,不能彼此相让,再如,和人共同出入城门,车马行人拥挤不堪,只能排队依次进去,对于奴隶们可不必相让。

此外,《墨经》认为,社会条件和具体情况的复杂性决定了伦理实践存在镜像不够清晰的"且然"状态:

《经上》:且,言然也。

《经说上》:自前曰且,自后曰已,方然亦且。

《经下》:且然,不可正,而不害用工,说在宜欧。

《经说下》:犹是也。且然必然,且已比已;且用工而后然,且用工而后已者,必用工而后已。

《墨经》重视实践中的"且然"状态,正是基于时间绝对意义上的"无久"和相对意义上的"有久",在时间接续过程中就会出现即将如此又尚未如此的状态,这是形式逻辑思维中不允许存在的"不和谐",但只要回归到具体的社会实践,就会发现处处皆有"且然不可正"的情况,只要掌握"不害用工"这一评价视角,就不妨积极发挥主观能动性,"用工而后已",让"且然"状态为我所用。

(五)《墨经》伦理实践的评价标准:"志功为辩"

《墨子·鲁问》记载,鲁君对太子人选游移不定而请教墨子,墨子言:"未有可知。或所为赏与为是也。鲋者之恭,非为鱼赐也;饵鼠以虫,非爱之也。吾愿主君之合其志功而观焉。"在墨子看来,评价行为是否道德,既要看行为的动机,也要看行为的效果,二者统一不可偏观。墨子也着重指出了动机与效果相统一对伦理评价的重要意义。《墨经》继承了早期墨家的"志功为辩"思想并指出"义,利;不义,害。志功为辩”,“志”为行为的动机,“功”为行为的效果,以动机与效果的统一作为构建伦理实践评价体系的支柱。后期墨家认为有善的动机,才有善的行为。只有善良的动机,但是没有实际行动,仍然无法称其为善。“志工,正也”,只有志功合一的行为才是正当的行为。有动机和效果相吻合的“志以天下为芬,而能能利之,不必用。以亲为芬而能能利亲,不必得”。这种发自内心的侍天下、侍亲的行动,是志功合言、爱利并举的体现。在《墨经》看来,发自意志的举动就是行为,不是为了沽名钓誉,是真正地鞠躬尽瘁;为了声名做事,是投机取巧、欺世盗名:

《经说上》:志行,为也。所为不善名,行也;所为善名,巧也,若为盗。

除了志功统一,《墨经》还认识到了两者的区别,《大取》指出不可以以志代功。首先,在伦理实践中要把不得已而为之与主观故意为之进行区分。《大取》记载:“意楹,非意木也,意是楹之木也。意指之也,非意人也。意获也,乃意禽也。志功,不可以相从也。”这就是告诫人们避免只根据显见的效果而做出不正确的伦理评价。《大取》记载:“不得已而欲之,非欲之也。非杀臧也。专杀盗,非杀盗也。”虽然在效果上看都是杀人,但是,这些杀人者的职业在当时的社会具有合法性,所以专以杀臧和杀盗为生的人,并不是本心愿意杀人,而是因为职责所在,不得不杀,这与主观具有杀念而行凶存在本质区别。《大取》记载:“藉臧也死而天下害,吾持养臧也万倍,吾爱臧也不加厚。”从动机上看,供养奴隶并不是出于对奴隶的爱,而是为了天下能够有效地运转,所以衡量这样的行为,就不能说这是爱人的表现,而应该说这是爱天下的表现。

“志功为辩”的伦理评价标准有着深刻的人文情怀和包容精神:在好的动机没有产生好的效果时,考虑动机的善,而降低对效果的恶评;在不好的动机却产生适得其反的效果时,强调不能只看效果,还要纠正动机;只有在恶的动机下产生恶的效果才能全面否定。“志功为辩”的评价标准为社会做向善调整预留了广泛的空间,避免了绝对意义上的标准扼杀任何一滴善念,这是中国传统社会具有超强运转韧性的重要保障因素之一。

第二节 《墨经》对人工智能伦理因果的启示

一、人工智能伦理何以可能?

(一)人工智能伦理探究因果的前提:可解释性

《墨经》伦理因果的基础在于唯物性,人工智能伦理成立的基础是遵循唯物性,首先就要解决可解释性的问题。可解释性指算法要对特定任务给出清晰概括,并与现有认知体系中已定义的原则或原理联结,具有较为明确的因果关系。不同的数据结合不同的知识可以产生等价的结果,人工智能的大量算法本质上是部分思维可计算性的正向演进过程,而可解释性是指在任务完成之后需要实现其逆向过程,由于逆向过程存在相对无限性,所以事物的发展常常会不可解释,这也是机器学习和知识图谱不可解释的根本原因所在。从用户视角和决策视角来看,不可解释的黑盒意味着用户只能看到结果,无法了解做出决策的原因和过程,因而难以分辨人工智能系统某个具体行动背后的逻辑。这样的人工智能系统难以得到决策者的信任和理解,尤其是自主决策可能存在无法控制的风险,因为人们不知道是什么在控制设计、操作和决策。

人工智能系统还可能存在固有偏差,不定时产生虚假警报,存在不确定的安全风险,用户难以根据没有解释的决策而采取行动。在人工智能决策过程中,固有算法黑箱和系统信息不透明的问题,虽然可以得出正确结果但不可理解,这大大降低了人工智能决策的社会信任度。随着人工智能全面渗入社会服务,对智能决策可解释性的需求越来越迫切,需要将黑盒决策转化为透明过程,建立人与机器之间的信任。在自动驾驶、医疗、司法、救灾和金融决策等高风险领域,利用人工智能或人工智能辅助系统进行重大决策时,更需要知晓算法所给出结果的依据。只有算法的可解释性才能建立起真正的人工智能伦理,这是人工智能伦理的"因"。

深度学习(deep learning)是一种机器学习的方法,它是使用包含复杂结构或由多重非线性变换构成的多个处理层(神经网络)对数据进行高层抽象的算法,是目前人工智能发展的大势所趋,所以深度学习首先就要建立自己的因果模型。因果计算指从观察数据中发现事物间的因果结构和定量推断,将深度学习与因果模型相结合,是研究深度学习可解释性的一种直观和自然的方法。2018年图灵奖得主Yoshua Bengio教授非常重视可解释因果关系对深度学习发展的重要性。在他看来,除非深度学习能够超越模式识别并了解因果关系的更多信息,否则它将无法实现其全部潜力,也不会带来真正的AI革命。换句话说,深度学习需要知道事情发生的因果关系,这将使现有的AI系统更加智能,更加高效。另一位图灵奖获得者——贝叶斯网络之父Judea Pearl教授在2022年接受采访时也表示,因果关系是人工智能发展的根基所在,他特别关注到算法中的隐性变量与时间的关系,虽然时间和空间并不体现在因果图中,但时空对因果关系具有重要影响,智能难以准确理解时空这一抽象概念,可以用“公鸡打鸣”的介入帮助智能实现对时间的理解。虽然公鸡打鸣与太阳升起之间没有绝对的因果关系,但是公鸡打鸣一般发生在太阳升起之前,可以通过因果图的方式来阐释因果关系。[113]这种由抽象转为形象的表达方式也是《墨经》研究自然科学的重要方法。

《墨经》伦理因果建立在唯物性的基础上,人工智能只有在不断呈现可解释性之后,实现物理过程的可逆、决策机制机理的相对透明,才会产生真正的人工智能伦理因果。没有可解释性,人工智能伦理的定论就是无源之水,从唯物论滑向不可知论或者神论。《墨经》伦理的丰富推论方法将有助于人们解释人工智能决策。

(二)人工智能伦理的事实判断与价值判断

《墨经》对事实判断和价值判断做了区分。在人工智能伦理的建构中同样需要对事实与价值进行区分,厘清什么是人工智能,在此基础上再给出价值判断。人工智能是什么、它的发展趋势是什么、可能性有哪些、福祉和潜在的风险有哪些等属于事实判断。人工智能研发、生产、应用的伦理原则属于价值判断。只有知道人工智能可能给人与社会带来的改变(事实),才能提出人工智能发展的价值准则。

1. 事实判断

关于什么是人工智能,目前仍然存在较大争议。有学者从能力延伸的角度认为:“人工智能从本质上讲,是指用人工的方法在机器上实现智能,是一门专门研究如何构造智能机器或智能系统,使之能够模拟人类智能活动的能力,以延伸人们智能的学科。”[114]有学者从能力分析的角度认为:“所谓AI,就是利用计算模型,研究智能系统的设计与结构,对人类认知能力进行解构与分析的研究。”[115]还有学者从技术的颠覆性角度认为:“人工智能是以基于大数据的复杂算法为核心,以对人类智能的模拟、延伸和超越为目标的高新科学技术。它比人类历史上所发明的任何科学技术都更具革命性和颠覆性。”[116]蔡自兴在《人工智能及其应用》中给人工智能下了三个定义。定义一:能够在各类环境中自主地或交换地执行各种拟人任务的机器叫智能机器。定义二:人工智能(学科)是计算机科学中涉及研究、设计和应用智能机器的一个分支。它的近期主要目标在于研究用机器来模仿和执行人脑的某些智力功能并开发相关理论和技术。定义三:人工智能是智能机器所执行的通常与人类智能有关的功能,如判断、推理、证明、识别、感知、理解、设计、思考、规划、学习和问题求解等思维活动。[117]

人工智能研究的问题主要包括以下几方面。①机器感知——知识获取:研究机器如何直接或间接地获取知识、输入自然信息(文字、图像、声音、语言),即机器感知的工程技术方法。②机器思维——知识表示:研究在机器中如何表示知识、积累与存储知识、组织与管理知识,如何进行知识推理和问题求解。③机器行为——知识利用:研究如何运用机器所获取的知识,通过知识信息处理做出反应,付诸行动,发挥知识的效用,以及研究各种智能机器和智能系统的设计方法和工程实现技术。[118]

人工智能已经产生的影响如下。第一,人工智能改善了人类认知。从纵向看,我们会发现,科学家、哲学家始终在一起努力消除知识的不一致性以及解决知识的模糊性,达到真理性的共识。人工智能作为交叉学科,对新思维、新方法的整合会大大加快形成认知共识的速度,而且还会推断出令人感兴趣的新知识。第二,人工智能可以改善人类的文化生活。人工智能为人类的文化生活打开了许多崭新的窗口,例如,图像处理技术必将对社会教育部门、广告及图形艺术产生重大的影响,并从传播领域影响到更广阔的文化生活。第三,人工智能对经济产生了实质性的推动作用。人工智能的开发和应用已经在很大程度上促进了经济效益的增长,专家系统、深度学习等就是成功的案例,人工智能必将持续推动经济的结构性增效,并催生全形态数字经济。第四,人工智能对社会的影响不断显著。人工智能在给其用户、销售者和创造者带来经济利益的同时,就像其他新型学科一样,它的发展必然伴随着许多问题的出现,如观念与思维方式的变化、技术失控的危险、心理上的压力、与现有法律的冲突、社会结构的变化、劳动就业问题等。人工智能具有远期影响的无限可能性,人工智能探究人类智能和机器智能的基本原理,模拟人类的思维过程和智能行为,是人类的"高仿"。这个过程远远超出了计算机科学和单一领域的范畴,几乎涉及自然科学、社会科学、思维科学的所有学科,我们能够预见的就是这种影响的无限可能性而不是某个具体的指标。

2. 价值判断

2021年9月26日,科技部发布了《新一代人工智能伦理规范》,其中第三条明确规定了人工智能各类活动应遵循以下基本伦理规范。①增进人类福祉。坚持以人为本,遵循人类共同价值观,尊重人权和人类根本利益诉求,遵守国家或地区伦理道德。坚持公共利益优先,促进人机和谐友好,改善民生,增强获得感、幸福感,推动经济、社会及生态可持续发展,共建人类命运共同体。②促进公平公正。坚持普惠性和包容性,切实保护各相关主体合法权益,推动全社会公平共享人工智能带来的益处,促进社会公平正义和机会均等。在提供人工智能产品和服务时,应充分尊重和帮助弱势群体、特殊群体,并根据需要提供相应替代方案。③保护隐私安全。充分尊重个人信息知情、同意等权利,依照合法、正当、必要和诚信原则处理个人信息,保障个人隐私与数据安全,不得损害个人合法数据权益,不得以窃取、篡改、泄露等方式非法收集利用个人信息,不得侵害个人隐私权。④确保可控可信。保障人类拥有充分自主决策权,有权选择是否接受人工智能提供的服务,有权随时退出与人工智能的交互,有权随时中止人工智能系统的运行,确保人工智能始终处于人类控制之下。⑤强化责任担当。坚持人类是最终责任主体,明确利益相关者的责任,全面增强责任意识,在人工智能全生命周期各环节自省自律,建立人工智能问责机制,不回避责任审查,不逃避应负责任。⑥提升伦理素养。积极学习和普及人工智能伦理知识，客观认识伦理问题，不低估不夸大伦理风险。主动开展或参与人工智能伦理问题讨论，深入推动人工智能伦理治理实践，提升应对能力。[119]

2021 年 11 月 25 日，联合国教科文组织发布了《人工智能伦理建议书》，其中第 44～47 条提出了关于提高人工智能认知和素养方面的倡议，指出：①应通过由政府、政府间组织、民间社会、学术界、媒体、社区领袖和私营部门共同领导并顾及现有的语言、社会和文化多样性的开放且可获取的教育、公民参与、数字技能和人工智能伦理问题培训、媒体与信息素养及培训，促进公众对于人工智能技术和数据价值的认识和理解，确保公众的有效参与，让所有社会成员都能够就使用人工智能系统作出知情决定，避免受到不当影响。②了解人工智能系统的影响，应包括了解、借助以及促进人权和基本自由。这意味着在接触和理解人工智能系统之前，应首先了解人工智能系统对人权和权利获取的影响，以及对环境和生态系统的影响。对数据的使用必须尊重国际法和国家主权。这意味着各国可根据国际法，对在其境内生成或经过其国境的数据进行监管，并采取措施，力争在依照国际法尊重隐私权以及其他人权规范和标准的基础上对数据进行有效监管，包括数据保护。③不同利益攸关方对人工智能系统整个生命周期的参与，是采取包容性办法开展人工智能治理、使惠益能够为所有人共享以及推动可持续发展的必要因素。利益攸关方包括但不限于政府、政府间组织、技术界、民间社会、研究人员和学术界、媒体、教育界、政策制定者、私营公司、人权机构和平等机构、反歧视监测机构以及青年和儿童团体。应采用开放标准和互操作性原则，以促进协作。应采取措施，兼顾技术的变化和新利益攸关方群体的出现，并便于边缘化群体、社区和个人切实参与，同时酌情尊重本地人民对其数据的自我管理。

从《墨经》伦理因果建构的整体性角度出发，重新审视人工智能伦理的价值判断就会发现，在时代变革的转折关头，出现了许多新的伦理原则，让伦理能够促进变革人与人的关系、人与社会的关系，从而促进生产关系的改进，适应和推动生产力的发展。但是面对人工智能对世界的全方位改造和对社会生活的整体性参与，这些伦理原则彼此之间相对孤立，缺乏有机联系，特别是在一些原则出现冲突的情况下，关于如何取舍价值的具体指南不够清晰，并没有针对新的问题和挑战提供整体性、系统性的伦理解决方案，呈现碎片化的伦理治理趋势。

从《墨经》伦理因果的发展性、可根据时代新特点建构新伦理的角度看，又会看到人工智能伦理原则、体系的第二个问题，这些彼此之间缺乏有机联系的伦理原则更多的是对人工智能发展的消极预防或限制，是鲧治水的方式，而不是禹治水的方式，很少涉及对人工智能发展的积极伦理支持。伦理不仅是对可能风险的防范，更是对新时代的拥抱，无论是从智能科技的良性发展而言，还是从智能社会的伦理建构来说，以上两方面问题都应得到关注。

（三）人工智能伦理中的当然判断

《墨经》中的当然判断建立在社会发展阶段和社会现实的基础上，反映的是伦理与社会现实匹配的应然性。从《墨经》所鼓励的“爱人”就是“利人”的具体之爱，就能窥见不同社会历史条件下伦理的巨大差异。例如，西方国家大都具有先进的人工智能技术，但新冠肺炎大流行期间，多国出台法律，不允许在司法程序之外使用大数据追踪、人脸识别技术，这使得疫情防控排查无法进行。2022 年 5 月，美国新冠肺炎确诊病例突破百万，死亡人数超过了第二次世界大战期间美国在战斗中死亡的总人数，这种维护抽象人权的成本是放弃对具体生命的“爱”，对社会无“利”可言。从具体爱人和抽象爱人出发的不同伦理观基于不同社会的当然判断，使人工智能的应用伦理呈现差异化指向，直接决定了技术服务于社会的深度和广度。

再如，在解决公正分配人工智能带来的社会财富，缩小智能社会中的贫富差距时，西方学者给出的策略有以下两种。一是实行全民基本收入保障政策，莱斯大学的人工智能专家 Moshe Vardi 教授认为，人工智能导致失业危机，我们应该考虑基本收入保障政策，保证一个国家的所有公民都达到一定的收入额度。还有学者提出以现金支付给每个人人工智能带来的社会收益。[120]这是基于西方福利社会已有分配体制的当然判断。二是征收人工智能税，欧盟议会法律事务委员会的 Mady Delvaux 向欧盟议会提交了一份报告草案，其中提出了向机器人征税的思想[120]，得到了比尔·盖茨等人的支持。另一些学者认为，只有向许多国家同时征税才能产生积极的效应，因为在一个开放的经济世界中，流动资本很容易向未征收机器人税的国家转移,因此需要强有力的国际合作。人工智能税的提法是基于西方向优势群体征税补贴弱势群体的当然判断。

这两个判断移植到中国社会都不具有当然判断的属性,因为西方社会与中国社会的发展阶段和现实有着较大差异。对于人口众多的大国,人工智能的收益如果采取人均分配的方式,并不能明显提升每个人的生活水平,所以我国人工智能带来的收益一方面纳入社会总收益,用来夯实全面建成小康社会,另一方面用来促进人工智能企业发展以及产业链建构,发挥综合效益和健全产业链的抗风险能力,使人工智能企业能够在良性生态中成长,并保持持续服务社会的能力。在税收方面,为了解决关键技术的"卡脖子"问题,激发中小企业的创新力,在某种程度上,需要实施减税政策,以培育企业活力和市场主体的竞争力。人工智能伦理只有符合国情、社会发展阶段的当然逻辑,才能为参与方提供有效治理。

二、《墨经》对人工智能伦理因果推论的启示

目前,国内外人工智能的核心在于两个方向:一个是机器学习,另一个是自主系统。在机器学习的各种方法中,深度学习容易导致局部(非全局)最优,强化学习很难识别意图的隐藏和伪装,迁移学习的跨域能力很差,这些机器学习的方法离真正的智能还有很远的距离。另外,现在的自主系统还处在"伪自主"阶段,究其原因是其底层的技术架构——机器学习和大数据处理机制的局限性所致。无论是行为主义的强化学习、联结主义的深度学习,还是符号主义的专家系统,都不能如实准确地反映人类的认知机理,都不具备直觉、情感、价值判断等能力。[121]这些内容均与形式逻辑的关联度较弱,人工智能伦理也需要突破形式逻辑的方法。

(一)伦理逻辑优于形式逻辑

《墨经》指出了用形式逻辑解释伦理因果可能导致的谬误,也指出了辩证逻辑和当然判断所代表的伦理逻辑。《墨经》反驳公孙龙的"白马非马""狗非犬",都是形式逻辑与常识的对立。另外,伦理具有复杂的社会因素,形式逻辑的推理必将过滤掉相关因素而得出简单化的结论,这就引起了人们对非形式逻辑的探索。作

为非形式逻辑的辩证逻辑，是中国哲学中普遍采用的思维方式。辩证法为人类深入研究世界的本质提供了有力的思维工具，也为人工智能伦理的因果推论提供了有力的思维工具。如果说形式逻辑主要是对事物的表面形式进行分析的方法，那么辩证逻辑就是对事物的实质内涵进行深入研究的工具。与形式逻辑不同，辩证逻辑没有固定的解释模式，而是运用一种辩证的思维方法，根据实际情况的不同，对其内容符合社会现实的合理性进行解释。据此，辩证逻辑更适合阐述人工智能伦理因果。人工智能是一把“双刃剑”，既不能因其具有一定的破坏性就将其防范到失去活力和发展动力的境地，也不能因其有益于人类福祉，又适逢各国在该领域的战略竞争就放任其野蛮生长。

自动驾驶伦理延续了传统的“电车难题”——发生交通事故时，保全多数人的生命还是保全少数人的生命。在以集体主义为传统的社会中，人们主张保全多数人的生命，在以个人主义为传统的社会中，人们往往会认为，在少数人不知情或者不想献身的情况下，少数人的生命与多数人的生命同等重要。这就是伦理本身的逻辑，它是不需要任何形式逻辑加以证明和推论的直接性表达，是基于不同历史文化和社会制度产生的实践决策倾向，它所依托的不同社会的价值“公理”本身不像数学公理那样统一，所以推论的结果会有所不同。伦理逻辑来自社会大多数人的直觉判断，在主观与客观之间不存在任何“二手商”，是最直接的反映，任何将人工智能伦理等同于科学，放大其普遍性的努力都将失败，人工智能伦理首先需要遵守的仍然是伦理本身的逻辑。

（二）类比在人工智能伦理推论中的重要作用

类比方法无法像演绎推理那样提供一套严格的可判定标准，而对前提的发现和选择虽然体现经验与智慧，但具有不确定性。《墨经》大量使用了类比这一推论方法，整个中国传统哲学都对类比方法青睐有加。类比推理的理解更强调由物体间本质的相似性产生新的推论，关注事物、关系、结果的本质相似性而非广泛的大数据结果，小数据推理的创造性恰恰也是类比的优越性所在，这样可以大量节省算力，提高可靠性。

另外，在复杂环境中，无论是人还是机器，都不能对所有相关信息进行掌握和计算，利用已有的案例和不完备的信息进行推理，这就是《墨经》提到的“且然不害用工”状态。人工智能追求数据化、确定性和理性的解释，假定任何问题都有标准答案，把每个决策简单地变成在约束条件下求解，变成数据计算。但是，真实世界里具有大量不确定性，有些问题没有标准答案。在经典逻辑中，命题的真伪在确定性上是唯一的，基本不会出现随机性。与此相对，在现实推论中，从外界观测到的信息多具有不确定性，结果就是被推理命题的真伪也多具有不确定性。“不确定性推理也称不精确推理，是一种建立在非经典逻辑基础上的基于不确定性知识的推理，它从不确定性的初始证据出发，通过运用不确定性知识，推出具有一定程度不确定性的和合理的或近乎合理的结论。”[122]受此启发，在面对人工智能伦理层面的不确定性问题时，可以通过已经确定的事物、关系做类比。例如，关于机器人是否具有道德或者未来人类能否研发出道德机器，具有很大的不确定性。现阶段界定人机之间的伦理关系同样受到不确定性的影响。人机之间的关系可以从人与人的关系、人与动物的关系中得到类比映射，为克服工具论、本质论观点的局限性，应面向泛智能体社会的现实，从实际的关系论的角度思考人与机器的道德关系。以中国科技大学机器人专家陈小平团队制作的佳佳机器人为例，尽管很多人认为人工智能时代还不可能存在具有内在情感认知和真实情感交互能力的机器人，但在陈小平看来，从人机情感关系的角度出发，人们会把情感投射到机器人上。在与机器人聊天和互动的过程中，不论是长时间的互动，还是聊着聊着把天聊死，都会形成某种情感关系。即便是被广泛使用的圆形扫地机器人，要拿去维修的时候，有的主人仍然会跟工程师说，不要随便给我换一个新的，我要原来的产品。[123]其中就蕴含了一种泛主体关系，有着道德关系和情感的投射。在人工智能伦理的早期建构中，类比的推论方法是将不确定性影响降至最低的有效因果建构工具。

（三）形象思维与人工智能伦理因果推论

《墨经》不仅在论证科学因果和伦理因果中使用了形象思维，还通过隐喻和意象比譬的方法引入了大量形象思维。从人工智能的最新成果来看，关于参与变量和隐变量（潜在变量）的研究显示了推理在因果建构中的作用。推理能够考虑可以实际执行或可以想象的干预。有些从未被引入的变量，可能会改变相关变量的联合分布,这就超出了迁移学习的范围,因此需要因果推理。人工智能算法可以与推理在多个方向进行结合。第一是常识推理,人类具有较强的常识推理能力,能从一个现象"直觉联想"到另外一个现象,常识中蕴含着大量的人类社会和自然界的规律和规则,是因果中最广泛存在的"故",如果没有对常识的理解,就会造成海量的因果联系被排斥在人工智能算法之外。机器智能在常识方面表现得最为欠缺,为解决这个问题,首要的是将深度学习与常识相结合,形成可解释的、能自动推理的系统。《墨经》在直觉法方面的研究对目前人工智能的常识学习具有重要的启发作用。第二是加强人工智能对时间、空间的感知,进行时空推理,为智能体设计高级的控制系统,使其能导航和理解时间与空间。《墨经》在阐述因果关系时,首先给出了时间和空间的概念,充分认识到了时空与因果的重要关联,《墨经》还提出了空间上的"穷","或前不容尺",这种对空间的理解与"公鸡打鸣"对时间的理解一样,让抽象概念变成具体可操作的图示,有助于人工智能算法对空间的"计算"。第三是形象推理,Judea Pearl 教授采用因果图方式来解释因果关系,而没有采用传统的形式逻辑的推理方法,这是人工智能深度模仿人类智能过程中自身的否定之否定。《墨经》对形式逻辑的不足早有认识,并且有大量形象思维法的经典案例。中国发达的形象思维体系不是对事物简单地进行形象再现,而是对事物本质进行抽象后再次形象化的过程,是形象—抽象—再形象的过程。这与人工智能目前的发展趋势高度吻合。现有的许多深度学习模型都来源于对生物认知的模仿,例如,"神经网络"一词本身就表明其借鉴了生物的神经元结构,卷积神经网络和长短时记忆网络都可以看作对大脑皮层结构的模仿。要设计出更鲁棒的、可解释的深度学习系统,形象推理的价值有待进一步挖掘。

冯友兰先生讲"比喻就是形象思维",同时指出形象思维与理论思维相比,有一点恍惚、隐晦,但如果读者能够懂得它的意思,就会觉得深刻、简明。[124]《墨经》中的形象思维表达与许多隐喻相关联,隐喻是一种完全缩写的显喻,它只托出意象,未使意象和意义互相对立,而意象自身的意义却被消除了,意象实际所指代的意义却通过意象所出现的上下文使人直接明确地意识到,尽管它并没有被明确表达出来。[125]巧妙地使用隐喻,对表现手法的生动、简洁、加重等方面均能起到强化作用,使抽象的义理转化为浅显、具体的理解范式。在显喻和隐喻之间还产生了一种意象比譬。意象比譬可以用一系列的情况、活动作为意义，然后从另一个独立却相关的领域中取来一系列类似的现象来暗示这个意义。[125]意象比譬是在非现实的想象空间里使用贴切的譬喻来加强生动性和可比性。人工智能有无穷多个应用场景，每个人都不可能穷尽这些场景来理解相应的伦理，这种基于非现实的场景模拟和意象营造中的比譬所进行的因果导向要优于传统说教的导向。麻省理工学院开发的1～12年级的人工智能伦理模块大量使用了这种在想象空间、虚拟世界中的比譬，使年龄较小的群体能够较早了解、理解智能社会所需要的伦理规范。

就像理论思维、逻辑思维帮助人们理解概念、命题一样，形象思维帮助人们积累了大部分常识和道德情感。人们对人工智能的伦理因果推论，最早也是从常识开始的。道德情感是激发伦理的直接因素，它既来自亲身经历的感受和体验，即直接情感经验，也来自间接经验，也就是从书籍、艺术作品和各种榜样中学习。这种间接产生的道德情感是以在生活实践中积累的形象记忆和情绪记忆为基础的，由思维、想象引发。形象思维活动在道德情感表达中承担着重要作用。虽然黑格尔对东方哲学颇有微词，但他却对东方的形象思维给予了高度赞扬："这种想象既然解除了自我中心，消除了一切病态，也就满足于对象本身的起比譬作用的形象，特别是在这种对象通过和最美丽、最光辉的东西进行比拟而得到提高的时候。"[126]

形象思维在人工智能的伦理因果推论中具有重要价值。最早的人工智能伦理原则来自阿西莫夫的科幻小说《我，机器人》，该小说后来被拍成电影，享誉全球。其中著名的阿西莫夫三定律是：机器人不得伤害人类，或看到人类受到伤害而袖手旁观；在不违反第一定律的前提下，机器人必须绝对服从人类给予的任何命令；在不违反第一定律和第二定律的前提下，机器人必须尽力保护自己。这三条定律在机器人产生伊始就因小说和电影的巨大成功而成为共识。这是用文字塑造的形象和故事情节来建构人工智能伦理因果的最早案例。对媒介研究颇深的学者麦克·卢汉就高度肯定了电影作为形象思维的代表在因果关系推论中的重要作用："偏重文字的人认为因果关系是序列关系，仿佛是一物靠另一物的力量推动着前进。没有文字的民族对这种'有效的'因果关系极少发生兴趣。但是他们迷恋产生神奇效果的隐蔽形式。"[127]作为新生事物的人工智能伦理，要为社会广泛接受,其因果推论尤为重要,电影作为形象思维的全方位展现,好比搭建了一个巨大的人工智能伦理实验室,通过实验的方法,让人对各种应用场景身临其境,由此引发的共情无疑会大大增强因果的合法性。

西方大量的科幻片涉及人工智能伦理的各个议题。反映人工智能必将超越人类并异化人类、消灭人类的《终结者》《黑客帝国》等影片,从人机关系的视角,深度诠释了人工智能悲观论,让整个西方社会对人工智能产生的不安全感与日俱增,限制人工智能发展的相关立法工作也紧锣密鼓地进行着。讲述人与机器恋爱的日本电影《机器人女友》对人机建立亲密关系的充分肯定让日本"女友机器人"市场火爆,供不应求。斯皮尔伯格的《人工智能》假设了赋予人工智能情感,从而带来了家庭关系和社会关系的改变,影片的温情和人文色彩大大降低了人们对智能超越人类的担忧,而把关注点转向了人性的局限和固有的偏见,使人们更加确信人机关系的主动权在于人类。这些电影通过对人物形象、空间形象和故事情节的具体化,将抽象的人工智能伦理寓于现实生活中,虽然只能算是人工智能伦理因果的"仿真",但广大零基础的观众势必将仿真结果带入自身的现实判断。中国作为人工智能大国,相关的人工智能伦理电影几乎为零,基于西方价值体系的电影所传达的人工智能伦理因果与西方社会的传统紧密相关。基于中华优秀传统文化和伦理观念的人工智能伦理可视化素材极度匮乏,势必影响中国社会的人工智能伦理体系构建,应在理论阐述的基础上,增加形象化的人工智能伦理媒介,形成根植于中国大地的人工智能伦理。

三、《墨经》对人工智能伦理实践能动性的启示

(一)凝聚人工智能伦理的社会共识

1. 从"天人合一"看人与智能体的关系

《墨经》的伦理因果在实践中的能动性来自广泛的社会共识。人工智能伦理要在实践中提升受众的能动性,也要抓住中国社会的共识。中国素有不排斥物伦理的传统,在国际上盛行的机器人法律地位"奴隶说",显然不会在中国得到认同。"天人合一""敬天惜物"是中国人与自然、人与物关系的基石,在第一章人的主体

性问题中已做了论述。此外,《周易》中的“夫‘大人者’与天地合其德”[128]、《道德经》中的“三生万物”都显示了人物同源的宇宙观,正是人和物的同根同源性决定了中国人整体性和平等性的世界观。“是以圣人常善救人,故无弃人;常善救物,故无弃物,是谓袭明”[129],荀子把物看成是独立于人的客体,但同时也强调“欲必不穷乎物,物必不屈于欲,两者相持而长”[130]。还有《红楼梦》中的通灵宝玉、中医的草木为药,都是人、物和谐共处的表达。此外,在人、物关系上,中国社会普遍认为社会和政治象征意义是器物的首要意义:“天下之物莫不有理焉,莫不有性焉,莫不有命焉”[131],“人不止于事,只是揽他事,不能使物各付物。物各付物,则是役物。为物所役,则是役于物,‘有物必有则’,须是止于事”[132]。基于社会已有的人与物关系的共识,“物”走进伦理范畴,赋予机器道德水到渠成:“物”发展到今天,已经可以满足获得道德地位的“标准”,伦理性不仅是人的专利,也是技术人工物的特性。[133]这让中国的人工智能伦理远离了“奴隶说”“人格说”等,呈现了具有中国特色的物伦理发展趋势:一方面,“技术人工物伦理问题”的研究将引领人们在本体论、认识论、方法论层面对技术人工物本身进行不断深化和反思;另一方面,物伦理将促使人们沿着内在主义进路推动诸如“机器(人)伦理学”等应用伦理学的发展。“人造物之所以区别于自然之物,并不在于物理的结构和化学成分,而在于投射出人的观念和目的性,凝聚了人的力量、劳动、制作与创造。”[134]基于中华优秀传统文化的人与物的关系是形成物伦理的催化剂,是人与人工智能和谐共生的主观条件。

2. 技术乐观主义下的人工智能伦理建构

澳大利亚《悉尼先驱晨报》于2018年2月27日发表了一篇名为《为何中国人对未来充满乐观》的文章,文中指出:中国人民是世界上最乐观的国民群体,认为自己未来的生活条件将会更好。该报分析,一个原因是,中国的经济正在蓬勃发展,中国人相信科技的力量能够带来益处。此外,中国人对政府满怀信心——这并非来自某种宣传,而是可信赖的国际机构所作的多项民意调查的一致结果。皮尤研究中心发布的《2022年度爱德曼信任晴雨表》显示,在中国,91%的受访者表示,他们信赖政府,比前一年增加9%。这一比例也是所有28个受调查国家中最高的。2020年皮尤研究中心在14个发达国家开展的民意调查显示,中国应对新冠肺炎疫情的表现好于美国,84%的人认为美国应对疫情不利。另外,一项英国舆观公司和剑桥大学共同开展的民意调查显示,68%的中国受访者认为自疫情发生以来本国的社会凝聚力提高了,这一比例在所有受访国家的民众中最高。这种乐观的共识同样投射到了人工智能的发展中。作为人类最古老的技术观之一,技术乐观主义在发现技术价值,肯定技术功用,颂扬技术力量,激励人们发明技术、运用技术、创造生活、改变世界的过程中发挥了极其重要的作用。有学者指出:"必须要在生态技术观、人文技术观等基础上,构建和谐技术观,藉以推动人类社会持久发展。"[135]中国社会普遍认为,人工智能本身并不是我们无法控制的外在因素,不必囿于要么接受、要么反对这种非此即彼的二元选择。相反,中国社会表达出要把握这次剧烈技术变革的机会,反思人的本质和世界观,审视自身以及人工智能催生的潜在社会发展形态,从而主动推动技术革命的发展,改善社会乃至世界的状况,实现技术与社会的和谐共处。

3. 集体利益为先的人工智能应用

林崇德等人主编的《心理学大辞典》对集体主义文化的解释是:强调个人归属于较大群体,如家庭、宗族、国家的文化。与"个人主义文化"相对。生活在这种文化中的人倾向于把自己归属于一个较大的群体,强调合作胜过强调竞争,其从群体成就中获得的满足感胜过从个人成就中获得的满足感。中国有着上下五千年的历史,集体主义文化源远流长。中国长期受儒家文化影响,孔子提出了"修身齐家治国平天下"的观点,家国同构思想深入人心。中国是四大文明古国中唯一没有出现过文化断层的国家,正是强大的集体主义文化,让文明传递的力量更加坚实。除却历史文化传承的因素,更重要的是社会制度的原因。我国是社会主义国家,中国经济未来的高速发展更依托于庞大的经济体量和超大的国内市场。中国的体制优势是集中力量办大事,同时通过社会的再分配来解决区域间失衡的问题,实现共同富裕。作为马克思主义处理个人与社会的价值关系问题的基本道德原则和价值观念,这种集体主义有其特定的内涵。第一,它强调个人利益与社会利益的统一性关系,并突出在处理这种利益关系的价值矛盾和冲突时社会普遍利益或价值的优先地位。当然,这种强调和突出并不是没有前提的,而是以"真实的集体利益"和"正当的个人利益"为基础的。"真实的集体利益"和"正当的个人利益”有其客观现实的标准。“真实的集体利益”取决于两个相互统一的方面，即客观的历史必然性和普遍的合目的性。前者指只有在消灭阶级和私有制的情况下，个人与社会利益关系的对抗性才会消失，社会的普遍利益和集体利益才会成为真实的；后者指它在根本上或最终意义上符合或代表广大社会成员的基本利益，能够为个人的全面自由发展提供充分而现实的社会条件。“正当的个人利益”取决于它是否符合或是否有利于个人的自由全面发展和社会、集体的根本目标。只有在这样的基础上，马克思主义的集体主义才能真正科学地揭示个人与社会价值关系的辩证的和历史的内涵。第二，它同社会主义的基本制度是内在关联的。只有在社会主义社会，生产资料公有制才为个人利益与社会利益的根本一致提供现实的基础和保障。可以说，集体主义是社会主义的内在要求，它为社会主义制度提供积极的伦理和价值支持。[136]这种集体利益为先的文化基础也对人工智能的应用规划了价值向度，正当的个人利益一定不容忽视，真实的集体利益和正当的个人利益是统一体，广泛的社会福祉和全人类福祉成为人工智能伦理的终极追求。

（二）人工智能伦理实践的人本思想

《墨经》的伦理因果推论蕴含了丰富的人本思想，体现了伦理对人的关怀。从人与技术的关系来看，“人的经验性概率与机器的事实性概率不同，它是一种价值性概率，可以穿透非家族相似性的壁垒，用其他领域的成败得失结果影响当前领域的态势感知（Situation Awareness，SA），如同情、共感、同理心、信任等”[137]。人是认识主体，技术是客体；人是认识目的，技术是手段。人类发展科技的目的是给人类提供更幸福的生活，提升人类的自由与尊严。但是，从现代社会的发展情况来看，人容易成为机器的奴隶，成为人工智能、大数据产生的“信息茧房”的奴隶，成为寄托虚拟现实而遗忘和忽略真实生活的奴隶，人的主体性在主观和客观双重作用的条件下被弱化，甚至可能被遗失。在弱人工智能向强人工智能发展的道路上，在人工智能深度嵌套到现实的各项应用时，人工智能甚至可以做出某些自主道德决策，使其对人的主体性进一步反噬。

《经下》强调人的主体性：“应有深浅大小，常中在其人。”《大取》中论人的优势在于：“子深其深，浅其浅，益其益，尊其尊。”其含义是人的优势在于权衡义利。人有一种把变量变成常量,把理性变成感性,把逻辑变成直觉,把非公理变成公理,把个性变成共性,把对抗变成妥协的能力。[138]在人工智能伦理建构中,要充分强调人的主体地位,突出人的优势。在人工智能伦理的发展中有相当一部分悲观论者,其为人工智能超越人类忧心忡忡,就是没有认识到人的主体性优势,抵御悲观最好的方法不是限制产业的发展,而是在大力发展人工智能的过程中,不断释放人的优势,通过不断加强人对变化、系统的把握能力,将人工智能限定在手段而非目的的视域。

作为人工智能发展的最高伦理原则,"人本原则"是所有的、各个层级的伦理原则的"基点"和"统领"。也就是说,其他各项伦理原则都可以从"人本原则"中推导出来,并基于"人本原则"得到合理的解释。[139]"公正"是亚里士多德所谓的"德性之首",是"人本原则"在现实社会中最为基本的价值诉求。《墨经》的"权""宜"体现了丰富的公正思想。公正作为人们被平等对待、得所当得的道德直觉和期待,是社会共同体得以长久维系的重要保障;公正作为一种对当事人的利益予以认可并予以保障的理性约定,更是社会共同体得以平衡发展的制度安排。当然,对于公正是什么、公正怎样阐释才是合理的这类问题,自古以来人们一直争论不休。如何在现实社会实现公正,特别是解决一直存在的不公正现象,并没有统一而持久的方法。或许应该说,公正的理解和实现都是历史的,人们永远只能在社会发展过程中踉跄前行,趋近于公正的目标。在人工智能的快速发展和广泛应用给人与社会带来革命性、颠覆性改变时,我们需要以人为本,进行公正的制度设计,既要遏制资本逻辑的贪婪成性和为所欲为,也要防止漠视人性的技术逻辑、互联网平台的垄断逻辑、人工智能本身的全面数据化逻辑,让每个人都拥有均等的接触、应用人工智能的机会,都可以按意愿使用或不使用人工智能产品,从这一场前所未有的科技革命中受益。

《墨经》在两千多年前就注意到了人与人之间的歧视问题和偏见问题。人工智能的公正、平等和非歧视体现在群体、社会和国家三个层面。

在群体层面,"数据驱动偏见"是指用来训练算法的原始数据已经存在偏见。机器不会质疑所给出的数据,而只是寻找其中的模式。人工智能的算法偏见其实是一种新的"出生决定论",有潜意识的偏见,是种族、宗教、肤色不平等在算法中的集中体现。例如，在美国人脸识别的准确率方面，白人男性的准确率为100%，白人女性的准确率为92.9%，黑人男性的准确率为98.7%，黑人女性的准确率为68.6%。在目前普遍应用于招聘的AI算法中，通常男性比女性更有机会，人力资源部门还借助于一套算法，考验应试者对企业的忠诚度及其抗压能力和团队合作精神，在评判标准中，若求职者有熟人在本企业工作，将默认他的忠诚度会更高，这种逻辑联系的科学性、合理性和准确性有待考证。在移民的AI算法中，对收入较低的特定群体的健康情况预设了高危险系数，存在选择性偏见。算法的设计和学习以某一特定群体为主，就会存在数据驱动偏见。在使用中还存在“交互偏见”，微软的聊天机器人Tai上线一天，就学会了种族主义和对女权主义者的攻击。无论是哪一种偏见，均来自人自身的偏见。算法应增进平等、消除偏见，而不是打着“技术中立”的保护伞，把人的偏见延伸到数据层面，变成更广泛的伤害。

人工智能社会不平等的加剧趋势已有显现。由互联网、人工智能、大数据催生的数字经济带来了新的机会和挑战，社会的阶层分化和流动性也超出了传统资源分布的设定，呈现更加多元化的发展路径，机会的不平等尤为凸显。几乎所有重要的人工智能领域的突破性成果都是在互联网时代超级企业的推动下出现的，谷歌、亚马逊、微软、英特尔、IBM、Meta、腾讯、阿里巴巴、百度等互联网超级巨头依靠强大的财力、人才储备、用户数据，实际上掌控了当前人工智能领域的大部分话语权。巨额且长期的资本投入就意味着，人工智能研究中最具实际应用价值的成果多出自大型企业所支持的研究平台。必须充分运用政府“看得见的手”，通过国家治理、社会治理、全球治理确保打破垄断，采取有效措施消除数字鸿沟和“信息贫富差距”，消除经济不平等、社会贫富分化和“社会排斥”“社会撕裂”现象，维护“数字贫困者”“智能局外人”等弱势群体的人格、尊严等合法权益。

人工智能加深了国家内部和国家之间现有的鸿沟和不平等。一方面，人工智能技术和应用开发商集中在少数国家，部分国家纷纷制定人工智能发展战略，展开人工智能竞赛，为人工智能带来下一个百年的普惠和话语权而积极行动，另一方面，地球上的广大地区被人工智能遗忘，缺乏必要的基础设施和人才储备，前者讨论的是机器人代替人类，人与机器如何相处，后者讨论的是如何吃饱，为不成为难民苦苦挣扎，对中低收入国家、最不发达国家、内陆发展中国家和小岛屿发展中国家而言尤为如此。另外,利益相关方的关系呈现多边博弈的发展势头。“主权国家与跨国企业将围绕权力让渡的边界展开复杂博弈,限制和消解科学家共同体对于技术的垄断,又将成为主权国家与跨国企业共同的政治运作。由于新的行为体和行为规则的加入,弱人工智能时代的国际体系需要通过较长时间的碰撞与磨合才能达到稳定状态。”[140]这一点在发达资本主义国家尤为明显,2022 年 3 月 25 日,欧盟颁布《数字市场法案》(Digital Markets Act),剑指美国互联网巨头——市值达到 750 亿欧元、年营业额达 75 亿欧元、每月拥有至少 4 500 万用户的大型互联网企业。谷歌母公司 Alphabet、亚马逊、苹果、Meta 和微软等美国科技巨头均在欧盟的“狙击”范围内,这些超国家行为体可能会被迫改变在欧盟的核心业务运行模式。欧盟工业部部长蒂埃里·布雷顿在社交媒体上表示,该法案将确保欧洲数字市场的公平和开放。欧盟必须维护正义、信任和公平。[141]人工智能伦理在国际层面应表现为公平获取人工智能技术、享受这些技术带来的惠益和避免受其负面影响、坚定捍卫国家主权、确保《联合国宪章》规定的国际秩序,各国应认识到各国基本国情和历史发展现实,培育媒体与信息素养,承认、保护和发展本土文化、价值观,以发展可持续的人工智能。

(三)人工智能伦理践行的评价体系

墨子主张对人的评价必须“合其志功而观焉”。《墨经》强调“志功为辩”的评价体系以及客观环境因素的重要作用、主客观的统一。马克思主义伦理学同样强调动机与效果的辩证统一,绝不是把二者主观随意地并列起来,而是强调在实践基础上的统一。因为人的动机是在实践中产生的,又是在实践中发展的,所以人的内在动机的好坏,只有表现为外部行动,并通过实践才能得到检验。环境对行为的限制程度与行为的道德价值呈正比。具体来说,就是环境的制约越小则行为者需要付出的代价越小,事情越容易办到,道德价值就越小。[142]

在机器人的道德能力问题上,“功利主义强调人类道德行为的功利效果,而义务论强调‘义务’与‘正当’”[143],义务论的“义务”与“正当”更多的是就动机而言。显然这两种伦理追求都没有实现动机和效果的统一,只是侧重一方面,更没有提及环境对伦理实践的重要影响。同时也不能将《墨经》的相对躬行原则理解为伦理相对主义，“因为伦理相对主义认为不存在正确的伦理理论，伦理无论对于个人还是社会都是相对的”[144]。《墨经》认为伦理实践可以根据环境的改变而具有相对性，但是伦理规范的价值是相对稳定和明确的。现阶段尽管道义逻辑可以对道德准则进行形式化，但还停留在相当有限的区间。人工智能伦理要在技术上完全实现仍然有很长的路要走，距离真正的机器人道德决策还有较大差距，这也是伦理实践不得不“相对躬行”的外在原因。伦理实践的相对性很难被计算机语言的绝对性完全理解和表征。在某种程度上，智能算法的不完备就相当于“环境”的一部分，在环境不允许的情况下，强调要实现某种伦理上的绝对躬行缺少现实意义。

关于军用机器人的研发、使用和误伤战友等伦理问题，核心的争议在于是否应该研发自主决策战争机器人，是否应该用《日内瓦公约》的原则进行设计，谁来为安全负责，会不会产生更多、规模更大的战争等。本质上军用机器人伦理仍然是动机、环境、效果统一的问题。军用机器人是不是合乎道德的，不取决于机器人本身，而取决于战争的动机，如果研发军用机器人是为了减少战场上的人员伤亡，并且如罗尔斯所说，战争的动机和目标是一种正义的和平，那么军用机器人的研发和使用就是合乎道德的。军用机器人的使用者通常只能是国家或者和国家性质相近的行为体，那么决定使用的主体就应是责任承担者。如果恐怖主义组织使用军用机器人，那么其使用者同样是责任承担者，恐怖主义的动机具有非法性、违背人道主义，本身已经决定了军用机器人在效果上的非道德性，即便该机器人已经内置了《日内瓦公约》的道德内容。有人把恐怖主义获得军用机器人并用其开展恐怖活动与恐怖主义获得核武器相比，从这个比较中就更能看出，现阶段只能消灭恐怖主义，而不可能销毁全部核武器，因此也不可能销毁全部军用机器人。

从动机上看，发展新一代人工智能是关系我国核心竞争力的战略考量，我国必须紧紧抓住战略制高点，建立健全科学家的鼓励、奖励机制，补齐高端芯片、关键部件、高精度传感器等短板，确保核心技术自有。在数据使用上，既要提高数据的使用效率，又要关注国家安全、社会安全和个人的隐私安全。《新一代人工智能伦理规范》明确提出了增进人类福祉、促进公平公正、保护隐私安全、确保可控可信、强化责任担当、提升伦理素养等六项基本伦理要求。[119]这是我国开展人工智能伦理构建的中国方案。

从效果上看,人工智能在改善生活和辅助社会治理方面发挥了巨大作用,但也出现了一些效果与动机不统一的现象级社会问题,引起了广泛关注,在第一章中已做了详尽的论述。以算法驱动下的奖励机制为例,外卖小哥经常会因争取获得奖励而闯红灯甚至发生交通事故,需要反思的是,从增进人类福祉出发的良善动机,为什么会出现反向效果?一方面,必须检验动机是否真的"好",如果该行为的确符合客观规律,外卖小哥完全出于良心驱使,在行为过程中采用了正当手段,那么应该认为该行为是合乎道德的;另一方面,还必须检验好动机和坏效果有无直接因果性,如果该行为的后果并不是外卖小哥的主观愿望所导致的,而是"无情的苛待"、环境的恶劣等行为主体意志以外的原因所造成的,并且行为主体已经为之"竭尽全力",只能说该行为并不是道德意义上完善的行为(因为缺乏好效果)。[145]在这里,我们看到外卖平台使用智能算法奖励机制的动机很大一部分是提高经济效益,提升用户体验,外卖小哥是为了得到奖励,两者的动机都无恶的成分,但是智能算法所规定的获奖时间已经脱离了交通实际状况的承载范围,违背了客观规律,导致外卖小哥不惜违反交通规则,给自己和他人的人身安全都带来了威胁。再往前追溯,便是平台所有者追逐超额利润的动机。

从环境上看,可以分为政策环境、市场环境、需求环境、技术环境四个层次。在政策环境方面,我国在加大对人工智能的扶持力度,也关注到了风险防控和法治建设,特别是对人工智能可能造成的公正问题、安全问题给予了疏导和矫正。但除了政策的宏观面外,还要加大对政策微观面的执行力度并不断完善。考察和判断行为的善恶问题的总原则应该是:既要注意在整体上做到动机与效果相结合,又要注意在具体环节上衡量动机和效果的质和量及其是否对应,并有所侧重。[145]在市场环境方面,要充分尊重市场规律,发挥市场对资源配置的决定作用,使人工智能的发展符合市场配置资源的规律,避免盲目扩张和同质化竞争。在需求环境方面,既要看到各行业对智能化的需求,又要看到我国的产业结构、机械化水平、人力资源的分布结构、城乡差别,这些都决定了对智能化的需求还有待逐步释放,并非一蹴而就,智能化的水平和速度要与就业市场的成长速度相匹配。在技术环境方面,我国的人工智能技术走在世界前列,同时具备较强的产品化能力,受过高等教育的人口比例较高,这些都是发展人工智能技术的优势,但劣势也较为明显，如高技术人才相对匮乏，基础理论和底层技术不足，很可能会出现技术“空心化”。

《墨经》伦理实践评价体系所坚持的动机、效果、环境的统一正是建构人工智能伦理评价体系的参照，计算机语言编辑的人工智能伦理因果推论可以不和人与人之间的伦理因果推论完全一致，只要动机与效果相统一，并提供与之契合的发展环境，就能够实现人工智能造福人类的目标。

第四章

防微杜渐:大学生人工智能伦理教育
——基于20所高校的调查分析

2018年,教育部印发了《高等学校人工智能创新行动计划》,2018—2020年,新增人工智能本科专业的大学已达到345所。[146]在高等学校加紧人工智能技术教育的同时,大学生作为智能社会的参与者和未来的建设者,同样需要对人工智能伦理挑战进行回应。不仅智能相关专业的大学生急需人工智能伦理教育,随着人工智能广泛应用于社会服务,这种需求已经从面向未来工程师的视域转向普通大学生层面。教育的目标也从创建人工智能发展过程中的"道德编码"拓展到帮助学生适应智慧家居、智慧教学、智慧校园、智慧城市等生活方式、学习方式和社会交往方式的重大转变。高等教育应高度重视人工智能伦理教育的必要性和紧迫性,加强马克思主义对智能社会和伦理挑战的解读,通过人工智能伦理教育增益机制的建构提升大学生与社会发展的适配度,完善智能社会的人才培养体系。探索人工智能伦理教育是为智能社会培养合格人才的内生教育教学改革动力,是高等教育在社会需求的驱动下内涵式发展的重要体现。人工智能伦理教育是大学生适应、融入和引领具有不确定性的智能社会的开篇。大学生树立正确的人工智能伦理观有助于人的全面自由发展,有助于最大化地释放人工智能服务于人类福祉的动能,进而能够实现人、智能体、环境、社会的和谐发展。社会的旺盛需求和国家的高度重视，使大学生人工智能伦理教育应运而生。

一、大学生人工智能伦理素养培育的必要性

人工智能是引导信息技术革命的主导力量。对个人来说，培育和提高自身的人工智能伦理素养才能更好地适应智能社会下的生活、学习和工作；对社会来说，社会大众需要一定的人工智能伦理素养去维护自身的隐私和安全、消解人工智能威胁论以及更好地参与人机社会适配的进程；对国家来说，人工智能伦理素养的培育关乎国家治理乃至全球治理，是构建国际话语权的需要。

（一）适应智能生活的需要

人工智能时代诞生了新的思考方式、生活方式、学习方式和社会交往方式，触手可及的智能生活已经实现了沉浸式带入，无论我们是否反思过，无所不在的人工智能体验都让人或主动或被动地卷入科技改变生活的新浪潮中。在不远的将来，人工智能将会像互联网一样，成为人们生活中不可缺少的一部分。人工智能伦理素养让人有能力解决智能时代如何面对生活、面对自己的问题。

智能生活首先从智能家居开始。智能家居是用受控电子系统改进家庭生活的管理方式，在智能化和高科技设备的帮助下，实现生活的舒适和便利。智能家居系统是为所有用户提供安全保障和资源节约的系统。在最简单的情况下，它能够识别房屋中发生的特定情况并做出适当的反应，其中一个系统可以根据预定算法控制其他系统的行为。此外，几个子系统的自动化为整个综合体提供了协同效应。其实，智能家居的概念已经存在了三十多年。这个术语最早出现在 20 世纪 90 年代，当时使用有线解决方案，试图通过网络实现管理日常生活的各个方面：关闭窗帘、打开音乐和灯光等。比尔·盖茨的智能豪宅和《未来之路》曾轰动全球，但若要实现整体设计的智能家居系统，仅铺设光缆的时间成本和金钱成本就让常人无法接受，所以人们形成了一种刻板印象："智能"住宅的建设时间长、价格昂贵且用处不大。

新一代人工智能的出现彻底颠覆了人们之前的观念，原本需要统一设计的智

能家居可以通过“散装”的方式自由组合,甚至并不增加基础设施和软硬件成本。基于无线网络、传感器和智能手机的解决方案,让智能家居从遥不可及到近在眼前,智能家居变得实惠、简单、方便。越来越多的家用设备变得智能,水壶、电视和冰箱等各种智能电器被普遍使用,智能家居还可以通过传感器监控安全情况,检测烟雾、空气中的过量气体,还有可以轻松解决钥匙丢失问题的智能锁、智能宠物喂食器等。电子助理——小度、Alice、Alexa或Google Assistant已经具备相当不错的功能。智能健康管家可以进行救护车语音呼叫,烟雾探测器能与消防部门联动。智能家居系统如果与电表进行集成,就可以对能源消耗情况进行实时管理。

在享受智能家居生活的乐趣和便捷时,人们还需要认识和理解智能社会生活的新特征,才能更好地适应智能生活。智能社会生活具有智能化、去物质化、互动化、个性化、简便化等五大特征,这些特征正是智能社会生活区别于传统社会生活的“新”之所在。智能化自然是智能社会生活最基本的特征。智能化特征是指某个事物在物联网、大数据、云计算、区块链、人工智能等技术的支撑下,能够“能动”地满足人类需求。去物质化特征是指人们在生活中为了实现一定的生活目的所用到的物质越来越少。互动化特征是指人与人、人与物之间的沟通属性,事实上反映的是在智能技术的支撑下人们之间的连接日益增强。个性化特征是指人们的生活需求能够得到个性化满足,个性化在智能生活服务领域表现为定制化。简便化特征是指智能生活是一种“直抵生活目的”的生活方式。[147]但从辩证的角度来看,凡是发展都是对自身的否定,智能生活也展现出了具有破坏性的一面。

家庭生活对智能的依赖让人住在一间装满传感器的房子里,这些传感器控制着一切,包括卧室的温度,甚至可以确定主人回家的可能时间,虽然方便,但犯罪分子也可能获取这些数据,为犯罪活动提供相关信息。智能家居使各种各样的技术叠加,“能动”地满足人的多种需要,也让人逐渐失去主动性,积极寻求和实践的动力不足。智能手机让人习惯触屏;语音助理让人把打字视为一种负担;智能游戏沉迷者的年龄段越来越宽、群体越来越大;推荐算法下的短视频“海洋”在让人遨游的同时,也使人离岸边越来越远;大量的无效信息重复出现,茧房效应凸显,侵蚀和挤占了人的系统阅读、锻炼、线下社交、与亲人团聚交流、独自散步思考以及头脑放空的时间。智能生活便捷、简单,但同时也出现了智能对人异化的趋势,这个议题远远比人工智能超越人类更为重要。当智能能够从物质到精神多方面满足人类需求的时候,它便成为新的"王者",不断展现自己的统治力,分散了人的自主权利。这种隐性的剥夺不仅在考验人的意志力,还在对人的生活方式乃至生存方式发出灵魂拷问:怎样的生活才更符合人类社会进步的要求,更能让人得到幸福?家庭、集体、社会、国家、伦理、法律的诞生,本质上都是因为个人的脆弱,人没有足够的能力确保将贪婪、自私、冲动、无序限制在可控的范围内,让真、善、美、和谐得以彰显,才借助于这样一些外部的规约、机制,摆脱只受本能支配的动物性,从而从生存状态跨入生活状态。智能生活让人从众多局限中解放出来,人对家庭生活和群体生活的依赖度降低,动手能力下降,人的社会化时间和水平有所下降,而个性化的时间和水平随之升高,会增加人际交往障碍和"社恐"心理。人的行为和思考方式也因智能推荐的一味"迎合"而具有某些极化的发展趋势。这些都与我们长期形成的兼容并蓄、和而不同的文化类型相抵牾。智能的深度学习增强了人的一些功用性能力,却降低了人在社会中"深度"学习的动力。长此以往,人会不会从生活状态倒退到生存状态呢?外部的规约、机制通过人工智能的"能动"服务减弱了原有的关联性,人又再次向本能回归。在这个生活方式发生转变的岔路口,人必须做出思考:怎样拥抱已经来临的智能时代,才会有更好的现在和未来?

(二)适应智能学习的需要

在人类漫长的历史上,发生过三次教育革命:以在家庭、团体和部落中向他人学习为特征的有组织学习和必要的教育构成了第一次教育革命;以制度化教育为特征的学校和大学的到来构成了第二次教育革命;以印刷与世俗化为主要内容的大众化教育构成了第三次教育革命。在不久的将来,以人工智能、增强现实和虚拟现实等为主要内容的个性化教育将构成第四次教育革命。[148]第四次教育革命适逢人类生存的几乎所有环节都在快速数字化,作为知识产生和传递过程的基础的教育,离不开人工智能这样的科技手段。这是更新教育过程的趋势,此外,在全球竞争中,人才培养的新领导力的必要条件是成功地创造和发展基于神经网络、互联网和大数据的,集成人工智能的国产软件平台。1970 年,J. Carbonell 首次提到了智能学习系统的概念,十多年后,真正有效的智能学习系统出现了,并在目前的教育中被广泛使用。

智能学习系统和自动化学习系统之间的区别在于,自动化学习系统是一个综合知识库,该系统为学生提供问题的正确答案。然而,智能学习系统的目标是诊断学习、纠正学习的过程。这种系统运行的本质不仅在于诊断学生的错误,还在于根据预定的远程学习策略提出建议。智能学习系统是一种全新的技术,其特点是学习过程的建模、动态发展的知识库的使用,该系统自动为每个学生选择合理的学习策略,自动将新信息记录到数据库中。事实证明,此类系统的出现是人工智能方法和工具在自动学习领域应用的实际结果。智能学习系统能够智能地执行教师的各种功能(帮助学生解决问题、确定学生出错的原因、选择最佳学习效果)。

智能学习系统的类型有四种,其组成和用途各不相同。第一类是咨询知识系统,旨在为解决问题和查找学习信息提供指导。这类系统由两个环境组成:学习参考系统和解释系统。第二类是诊断系统,旨在诊断问题解决过程中的错误。这类系统包括一个界面、一个用于解决问题的专家系统以及一个用于诊断错误和学生模型的系统。诊断系统可以被认为是对咨询知识系统的补充。第三类是控制系统,用于管理课程和学生的认知过程。这类系统是扩展的诊断系统,具有关于系统目标和学习策略的知识库。第四类是跟踪用户活动所需的伴随管理系统,其也能为学习者提供必要的帮助。伴随管理系统是最复杂的智能学习系统之一。伴随管理系统的显著特点是该系统不知道学生活动的目的,它要执行预测该活动的任务。

智能学习系统能提供与用户的高水平学习对话,因此,智能学习系统本身就是学习者。智能学习系统的核心是所研究学科领域的知识库。知识库既包含以教育领域内容为代表的客观知识,也包含专家的主观知识,这些知识积累了各类教学方法和特定教师专家的独特经验。随着智能学习系统的广泛使用,其外延不断扩大。V. A. Petrushin 认为:“总的来说,如果学习程序具有以下能力,则被认为是智能的:生成学习任务;解决呈现给学生的问题,使用呈现所学学科知识的方法;确定对话的策略;模拟学生的知识状态;基于与学生互动结果分析的自学。”

完整的或者部分的智能学习系统的使用使智能时代的学习呈现可视化、无缝连接、情境感知、自然交互、任务驱动、智能管控、无监督、无边界、碎片化、主体构建等特点。智能社会的发展趋势是学习的个性化、适应性学习、学生参与形成课程内容的过程、开放数据的使用、学生的积极互动、大学间的教育项目合作等。研究表明,77%的教育专业人士认为,个性化学习对于让学生参与教育过程至关重要,有助于提高学习效率。智能时代的学习从以书本为载体的学习逐步过渡到电子学习,通过电子方式提供教育、培训,它涉及使用计算机或其他电子设备来提供教学、教育或学习材料。电子学习的主要好处是,利用技术,人们能够随时随地学习。个性化学习使教育内容适应个体学习者的独特需求,已成为教育过程的重要组成部分。世界各地越来越多的教育机构正在接受这一趋势,并利用数据分析和人工智能来取得更好的成绩。智能学习系统中的个性化可以通过两个层次的个性化来实现:一是教师或学生根据给定的个性化策略组织个性化学习内容和课程结构;二是教师必须选择和应用与学生特征和课程具体情况相匹配的个性化策略,也就是最大化地因材施教。人工智能在电子学习中的应用有可能会创造一个学生可以与之互动的模拟环境。学生本质上将与智能代理进行交互,智能代理反过来感知模拟环境中的变化,从而进行自学习和改进。

从上述智能学习系统的特性中可以看出,第四次教育革命的到来将对人们的学习产生深远的影响,并促使学习领域产生根本性变革,使学习中介、学习平台、学习资源、学习角色、学习评价等产生革命性变化。

第一,学习中介的变革。学习中介作为影响学习成败的重要因素,要随着时代的发展进行相应的变革。学习中介包括学习方法、学习工具、学习数据和学习环境等多种要素。智能时代的学习中介必须与智能技术相结合,学习方法从单一走向多元化。

第二,学习平台和学习资源的变革。在人类进入智能时代之前,学习平台大多局限于线下学习和课堂学习。当下的学习在融入智能元素后,对传统学习平台进行了相应的变革和创新,出现了智能学习平台,随之出现了大量在线学习课堂,如MOOC、学习强国等。[149]2022年3月28日,我国的国家智慧教育公共服务平台正式上线。国家智慧教育公共服务平台是由中华人民共和国教育部指导,教育部教育技术与资源发展中心(中央电化教育馆)主办的智慧教育平台。国家智慧教育公共服务平台聚合了国家中小学智慧教育平台、国家职业教育智慧教育平台、国家高等教育智慧教育平台、国家24365大学生就业服务平台,可提供丰富的课程资源和教育服务。仅国家高等教育智慧教育平台就汇集了两万门优质课程,大大丰富了学生的课程选择。

第三,教育主客体关系的变革。在传统学习活动中,教师处于主导地位,学习者一直处于被动地位,这种师生角色对态度积极的学习者而言有较好的效果,但对态度消极的学习者而言,则不利于学习活动的开展和学习效果的提升。在智能时代,学习者的主体地位凸显,真正体现出“以人为本、以生为中心”的原则,按兴趣自主学习的空间越来越大。

第四,软能力需求的增加。文凭正在被具有成效的“数字护照”取代,它将在人的整个学习、工作生涯中自动更新记录,将记录硬技能(知识、使用知识的结果)和软技能(个性技能:理解含义、理解他人、灵活的思维、与不同文化代表的沟通技巧、抽象思维能力、批判性评价的能力、应用跨学科方法来理解实体的能力、实现既定目标的能力、突出关键信息的能力、虚拟协作技能)。

在充分开展智能学习、激发学习者积极性的同时,也要看到教育大规模使用人工智能对传统教学和价值观教育的影响。

1. 对传统教学的影响

教育评估的非个性化。人工智能自动化了教育中的基本活动,如评估,利用大数据做出的评估很可能会忽略教育评估中的个性化,使趋势掩盖对个体的关切,对学生个体的关切的重要程度并不等于整体趋势关切,每一名学生都希望成为被关切的焦点。关注是激发学生学习兴趣以及热爱生活、热爱社会情感的重要环节,这个环节的缺失将对人才培养造成不可挽回的损失。

教学过程对教育软件的依赖程度变高,教师的主导地位下降,尊师重教的传统伦理受到挑战。人工智能对教育产生影响的关键因素之一是个体学习水平的提高。自适应学习程序和软件的数量不断增加,这些工具能够响应学生的需求,更多地关注某些主题,帮助学生复习尚未掌握的内容,并通常帮助学生按照自己的节奏学习,学习者会认为传统的大学教育效率低、内容陈旧、脱离时代,对课堂学习失去兴趣转而以自学为主。人工智能技术能够指出课程需要改进的地方,并为学生和教师提供有用的反馈。例如,当大量学生对同一任务给出错误答案时,系统会就此向教师发出警告,并为学生提供包含正确答案提示的特殊消息。这有助于填补在学习课程时可能出现的解释空白,并确保所有学生都建立相同的概念框架。学生无须等待教师的回应,可以立即获得反馈,进而理解相关概念并记住下次如何正确地做。人工智能系统可以提供海量专业知识,作为学生提问和查找信息的场所。人工智能将教师的角色转变为促进者的角色,而非原来的主导者。教师从主导学生转向通过主导智能来影响学生,在原有的师生双向依赖关系中出现了强大的"第三者"——人工智能。教师在教育过程中的主导性呈现下降的趋势。几千年来,尊师重教的传统伦理都是中国教育的价值标尺,在古代"十恶不赦"的重罪里,"不义"即对老师的不尊重。怎样在新型关系中使尊师重教的传统伦理被重新固化,是教育必须思考的问题。

创造力降低的风险。人工智能降低了人在错误中学习的能力。反复实验是学习的关键部分,也是创新的必要过程,但对许多学生来说,失败或不确定性会带来焦虑感,人工智能可以为学生提供一种在相对自由的环境中进行实验和学习的方式,大量的错误也会被人工智能规避掉,使得学生失去了从错误中不断反思学习的机会。另外,人工智能可以教会学生基本知识,但到目前为止,人工智能还不能帮助学生学会思考和创造。

教育水平下降的风险。心理学家和神经科学家都注意到,在一个人对小工具充满热情的时代会产生"数字痴呆"。智能学习无疑让学生找到了众多可用的小工具,但也加速了学生对智能体的依赖。在一些发达国家,医生们已经开始注意到,越来越多对电子产品世界充满热情的青少年患有注意力障碍、认知障碍、抑郁症。此外,神经科学家的现代研究表明,在此类患者的大脑中观察到的病理变化类似于痴呆症的早期阶段。[150]学习方式的改变要求学生对教师、学习媒介和自我进行重新审视和思考,进行角色的重新定位。

2. 对价值观教育的影响

"文化同质化"是大规模数字化、智能化、互联网应用的必然结果。在线平台满足了国家和教育市场参与者在国际层面寻找有效竞争工具的要求,但教育的国家性与全球性的矛盾是基于价值观展开的。数字环境成为价值体系形成、转化和实施的环境,负责实现对贯穿一生的价值矩阵进行监测,教育对价值体系的形成及其转化起决定作用。在虚拟社区在社会各个领域的重要性普遍增加的背景下,人工智能以价值社区为基础,正在对社会关系和政治领域进行渗透。如果没有从价值观的角度对这种前景进行社会哲学、伦理评估,人工智能系统在教育中的大量使用是存在风险的,使用人工智能发展教育系统需要意识形态、伦理、哲学的深度思考。

第一,可能加剧阶层固化。通过使用大数据管理教育系统,人工智能可以成为改善教育系统运作的一个因素。然而,如果人工智能的使用只会将教育调整到起始条件,如智力水平、经济条件、地域条件等,从而对社会流动性引入明显或隐藏的限制,那么侧重于去中心化和灵活性的教育系统可能会失去提升社会价值的功能,产生或加剧阶层的固化。

第二,不断拟人化的伦理风险。教育成果的数字记录既是一个巨大的机会,也是严重社会风险和威胁的来源。随着人工智能将教育过程和结果拟人化的趋势,从知识管理到软技能的形成,再到资源物理状态的管理都存在风险。在医学教育中,基于人工智能的大数据健康管理将引发社会伦理思考。

第三,对教育主体心理的负面影响。由人工智能和神经技术参与的教育过程将需要价值证明和定义对教育主体心理影响的正式边界,需要一个快速的解决方案来保护数据的机密性并确定访问它们的方式、使用目的以及人工智能错误的责任问题。在教育中,将人的尊严作为最高价值并保持关注的问题与避免教育歧视的需要相关联,而人工智能有可能被训练做出各种形式的行为,包括性别歧视、种族歧视、欺凌等。此外,在教育领域,就像在医疗保健领域一样,人工智能的应用有可能加剧获得公共产品的公平性问题。

第四,剪辑思维和共识困难。对新信息的感知和同化问题就是所谓的剪辑思维,它根据与视频剪辑相同的原理形成心理和视觉图像,结果是个人将周围的现实视为一系列不相关的现象,而不是一个同质的结构,这意味着整体性的割裂。剪辑思维被称为人类本性的全球转变,基于智能的模块式学习让学生的关注点更加分散,更难以形成广泛的共识,这是教育面临的一个巨大的问题。在《看不见的大猩猩》中,作者丹尼尔·西蒙斯和克里斯托弗·查布里指出:"如果我们只感知肤浅的标签,注意力就会分散,我们吸收新信息将变得越来越困难。理想的状态是,既要能够适应现代世界,接受'游戏'的条件,又不失学习和分析的热情和愿望。"

(三)适应智慧城市的需要

智慧城市体现了人类对舒适永恒的渴望。建设"智慧城市"计划的目的是提高生活质量,将以人为本的模式落实到日常实践中,让居民的生活更方便、更安全,以及节省城市资金和空间。智慧城市是在人工创造的环境中有效整合物理、数字和人类系统,能够确保舒适、安全和面向未来的可持续发展。智慧城市依托全面的网络连接、智能设备、人工智能和机器学习,通过这些技术,实时收集和分析各种类型的数据。一般而言,它们形成了一组设备,可提高住房、公共服务、交通、医疗保健和紧急服务等城市基础服务的效率。在未来理想的智慧城市中,技术无时无刻不在与居民相遇,形成一个单一的生态系统,负责人类生活的方方面面:从公共交通到废物回收。拨打120时,救援服务可以直接确定病人位置的准确数据,在住院期间,医院可以收到病人以往的健康记录和完整病历,在抢救的黄金时间避免重复工作,进行最有效的救治。如果有人在街上开枪,相关信息会自动连同摄像头拍摄的嫌疑人图像一起进入警方的信息系统。由于枪击事件频发,许多美国城市都安装了ShotSpotter射击传感器,这种传感器可以识别射击者的数量、射击发生的确切位置,甚至武器的类型,所有数据都会发送给警方。

居民需要的所有数据都可以在应用程序中进行组合。智慧城市的居民将能够叫出租车、支付账单、向市政管理部门报告道路上的坑洼、了解现在的交通拥堵情况以及了解某处是否有停车位。美国智能交通协会的一项研究表明,30%的交通拥堵是由驾车者长时间寻找停车位造成的。在智慧城市中,能够自动读取道路标记的自动驾驶汽车将有可能全面取代传统汽车,自动驾驶汽车还将能够提前接收有关道路事故和免费停车的信息。此外,特殊传感器可以测量停车时间,精度高达一秒,然后自动从银行卡中扣除相应金额,大大减少付费时间。智慧城市可以让交通干道沿线的路灯在雨后更亮一些,使驾驶员能够更好地辨识道路状况。

通过在路灯中内置高清摄像头,可在拥挤区域提供安全保障。智能垃圾箱不会破坏周围的空气,啮齿动物不会蜂拥而至,而且其会在垃圾箱已满时向市政环卫部门发送通知。目前,在伦敦市政厅的网站上,人们可以访问使用智能传感器获得的交通数据、环境指标和其他统计数据。我国领军智慧城市东莞建设的"生态监管与数据管理平台",成为目前我国唯一一个将所有涉气数据汇聚一体的市级信息化平台,实现了空气质量、气象、污染源、污染排放监控等数据的共享共用,助力打赢蓝天保卫战。2020年,东莞市的空气质量在全国168个重点城市中排第19位,空气质量明显提高。[151]

智慧城市作为一项有利于人类社会全面发展的人文工程,不仅蕴含了智能应用的各种可能性,也会因城市智能化、数字化运行产生系统性风险。例如,有故障的传感器或硬件崩溃、软件故障、不完整的数据和损坏的分析都可能阻碍紧急服务或提供错误的决策信息。未检测到的数据泄露、系统故障或黑客攻击可能侵犯公民隐私,暴露政府机密。滴滴申请在美国上市被紧急叫停,与城市数据安全有着直接联系,滴滴App已经掌握了中国大多数城市的道路交通情况和政府部门、公司企业的地址数据,如果这些数据被移交美方,存在泄露我国境内的军事设施、敏感部门以及人员流动情况的风险,并会造成难以预料的后果。特大城市的人工智能化风险会更高,因为数据量更大,涉及的人口数和市政管理与服务的数量也更多,许多专家对进入智慧城市的边界时可能出现的问题和矛盾表示担忧。

第一,数据安全性正在下降。对于最容易泄露数据的新企业来说,情况尤其令人担忧。黑客能够对公司、政府机构造成重大损害,并影响普通人的生活。网络化智能联通性越强,漏洞就越大,黑客有能力渗透城市基础设施的人工智能系统,制造交通问题,如改变红绿灯的运行程序等,给居民的日常生活带来安全隐患。

第二,城市网络社区形成新的话语力量。智慧城市的原则之一是开放性,居民希望交流经验,分享收到的信息,并对城市建设提出建设性意见。智慧城市在数字世界中创建和发展在线社会运动,不断形成城市内的娱乐社团、政治观点相近社团、共同利益集团,社团的舆论导向更容易向群体思维发展,存在意见极化的威胁,甚至可能增加网络中的攻击性行为,线上的群体性对抗可能转化为现实世界中的对抗。

第三，存在技术性失业的风险。新技术对经济活动产生了新的需求，劳动力市场的情况正在发生变化。智慧城市是一个有吸引力的环境，不断地城镇化会导致大量农村人口涌入条件相对舒适的智慧城市，特大城市的劳动力市场竞争将显著增加。智慧城市的工作岗位往往与纯文科知识背景的就业者匹配度较低，非技术工人失去工作的情况越来越明显。麦可思研究院发布了《2019年中国大学生就业报告》，从报告所列出的红绿牌专业数据中，我们可以看到，语文教育、历史学、法学、初等教育等文科专业已连续三届因就业率低而获得红牌，而信息安全、软件工程、网络工程、通信工程、数字媒体艺术等与信息技术相关度较高的专业则连续三届因就业率高而获得绿牌。

第四，存在信任机制滥用的风险。共享经济正在智慧城市中悄然兴起。共享经济的本质是通过虚拟市场和移动应用程序获得盈利和资产所有权的新业态。共享经济要求对实名制、身份验证等做得更彻底，让双方有更直接的头像、电话、姓名展示，鼓励迅速形成沟通关系和实质的交易往来，这种合作需要高度信任。共享经济对信任的需要为滥用信任机制创造了更多机会。

第五，存在文化衰退的风险。智能化的城市生活在某种程度上是告别某种历史传统。作为高雅文化中心的剧院、音乐厅、展览馆和博物馆逐步数字化，可以减少现场参与的人数，但是数字化的音乐、歌剧和藏品永远不可取代现实的碰触感，线下参与的减少将大大降低艺术的震撼力以及对人思维、情感的启发力。

智慧城市的画像和愿景给人一种数字搭建的新世界之感，缺少人类的温暖和高雅文化的碰触魅力，因此在创造这个“新世界”时，不应忘记它可能带来的风险。城市正变得越来越智能，相互连接的网络和设备需要得到适当的保护——在最初，而不是在事后。这是保护城市及其居民拥有光明数字未来的可靠保障。

（四）适应智能社会工作的需要

近年来，人工智能、大数据和云计算等相关技术的飞速发展正在催生第四代办公模式，即随时随地“无限移动”办公。日常生活中提到的“移动办公”“居家办公”等就是“无限移动”办公模式的雏形。智能化办公颠覆了人类传统的办公模式,使人们工作和生活的界限日益模糊。一方面,智能化办公的地点不受限制,人们不必天天去公司上班,这避开了人多、嘈杂的办公室环境,减少了面对面的管理,工作累了还可以在家中舒舒服服地休息,工作和生活相互融合,相互充实。另一方面,智能化办公在时间上更加灵活,人们不再"朝九晚五"地奔波,上班时间更具有弹性,减少了大城市的通勤时间,而且有利于工作效率的提高,是从未尝试过自由职业的白领所期待的工作方式。据携程的统计,在采用灵活的办公形式后,辞职率下降了30%,员工的幸福感得到了增加。

还有一部分直接与智能相关的工作,其本来的工作性质就脱离了传统工作形态。这类工作的主要特征之一是不断学习的过程。为了成为一名合格的智能相关行业的工作者,一个人在开始工作之前需要接受长期的学习和培训,毕业后,他需要不断地提高自己的技能,跟上新的潮流,不断补充相关知识。终身学习是现阶段社会发展对智能工作者的主要要求之一。新技术、新方法、新方案每天都在出现,了解这些是员工的职责,因为这直接影响到组织的竞争力。对员工而言,这意味着终生不断进步。

脑力劳动者最重要的特点之一是难以控制。从表面看,即使员工在所有工作时间都在工作场所,也无法了解他的头脑中是否正在进行思考。因此,控制作为一般管理最重要的功能之一,正在改变重心,从对过程的控制转向对结果的控制。基于移动技术和员工的个人选择,员工可以在目前方便的地方工作:办公室、咖啡馆、酒店、家中、公园或联合办公中心。要开发创意,不需要特殊设备,只需要知识、计算机、互联网接入和专注于手头任务的能力。所以脑力劳动者可能不只是因为疫情而采用新的办公形式,而会实现智能办公、灵活办公常态化。

更加靠近智能行业的工作人员对新办公形式的适配度更高。智能相关行业工作者的特征包括自主性、流动性、动机的复杂性以及对工作过程的控制不依附于工作地点和特定工作时间。当前人们提出的智慧交通、智慧政府、智慧医疗等都体现了一种办公的智能化。在未来的办公过程中,伴随着智能终端的逐渐渗透,智能办公的范围和应用场景会越分越细。大到企业集团办公,小到私人业务办公,自由办公将逐渐融入人们的各种工作场景中,随处可见。人们的双手将得到更大程度的解放,时间变得更加自由,工作变得更加自主,人类要想更好地生活，就必须适应智能社会的新办公模式。

基于智能化的灵活办公也带来了工作与个人生活之间的紧张关系。如果以前没有在家工作过，那么也许不会明白要在工作职责和个人空间之间保持平衡是多么困难。虽然在家工作通常会提高员工的工作满意度，但有研究表明，缺少基础协同的支撑，在家工作的员工往往会在任务上花费更多的时间和精力。工作对生活空间的侵占无法切割，会让人感觉到个人生活的缺失，使人觉得并未得到真正的休息，长此以往会让人的幸福感下降，使人精神疲惫。这一结论是由瑞士苏黎世大学的 Ariana Wepfer 教授得出的，她和她的同事在 *Springer Journal of Business and Psychology* 上发表了这一研究结果，并提出："需要调整组织政策和文化，以帮助员工以不损害他们福祉的方式管理他们的工作界限，不然最终幸福感的下降将与生产力的下降和创造力的下降齐头并进。"[152]

另外，远程办公容易导致人的健康水平和免疫能力下降。在家工作时，许多人连续数小时以固定的姿势坐在计算机前，因此，他们会出现头痛、腰痛和身体其他部位的问题。此外，久坐不动的生活方式加大了人患心血管疾病和糖尿病等慢性疾病的风险。为避免负面后果，世界卫生组织建议居家办公者每天至少锻炼30 分钟。远程办公的另一个众所周知的缺点是与电子设备显示器的持续交互。人们在计算机前工作或在智能手机上观看新闻，屏幕使用时间大大加长。长时间的室内工作使人工作注意力分散，缺乏阳光和新鲜湿润的空气，办公所需要的电子设备均需要利用个人时间进行维护，繁忙而琐碎。远程办公不用到办公室去，着装要求也没有在办公室高，人们对个人形象的关注度降低，社交活动的大量减少会导致一定的抑郁情绪和沟通恐惧。

不管人们是否接受，未来都会是混合办公的时代，需要员工以严格的自律性有效管理时间，做到专注、集中、纪律严明、有条不紊、能独立完成工作，一方面会有一定时间的分散办公，另一方面必须有适当的时间在办公地点集中办公，这样才能保持创意、构建具有凝聚力的企业文化。

（五）智能技术治理的需要

智能技术是智能生活的技术架构，智能治理是用智能技术对抗异己对象的混乱，而智能生活又是智能技术的对象性产物。这就说明，智能治理理应出现在异化的智能生活场景中，作为一种对抗性的力量而存在。换言之，智能治理与智能生活应该是一种相伴相生的关系，自智能技术赋能人们改变生活方式开始，它就已然以一种“旁观者”的姿态伫立于生活的某个角落，规范和引导着智能生活的发展走向。[153]人工智能的治理体现在三个方面。首先是数据治理，纠正数据偏差和缩小数据鸿沟。其次是算法治理，深度学习的算法脆弱、容易受到攻击，因数据导致的算法歧视、算法黑箱不可解释、不可控，无法呈现因果关系。算法治理须关注从深度学习到深度理解，提升算法的可解释性和准确性。最后是算力治理。第一代人工智能是知识驱动，第二代人工智能是数据驱动，第三代人工智能是知识驱动加数据驱动。第三代人工智能对算力的要求达到了前所未有的高度，算力与环境的紧张关系凸显。要加强算力的国际合作，避免重复消耗。

大量新的智能技术的出现和应用形成了新的治理课题。虚拟现实和增强现实深度融合形成的元宇宙，就应引起人们的广泛关注。虚拟现实综合利用了计算机图形学、计算机仿真技术、多媒体、人工智能、计算机网络、并行处理和多传感器等方面的技术，模拟人的视觉、听觉、触觉等感觉器官功能，使人能够沉浸在计算机生成的虚拟环境中，并使人能够通过语言、手势等自然方式与之进行实时交互，创建了一种拟人化的多维信息空间。增强现实则是利用计算机产生的附加信息对用户所看到的真实世界景象进行增强或扩张的技术。[154]基于虚拟现实和增强现实，元宇宙的概念走进大众视野。

2021 年，科技界的巨头们开始为人类讲述一个名为“元宇宙”(Metaverse)的新故事。Facebook 改名为 Meta，微软、谷歌以及苹果也纷纷抢占元宇宙赛道。科技界大量的业内人士预言，元宇宙将是 2022 年重大科技事件之一，2022 年也将是元宇宙真正落地的一年。在此影响下，韩国首尔率先宣布打造元宇宙城市。在国内，元宇宙被写入上海的“十四五规划”，北京宣布探索建设元宇宙聚集区，虽然目前只是虚拟场景的社交互动，还未形成大规模的产业应用，但元宇宙或将成为数字经济新的增长点，元宇宙应用场景的搭建必将带动区块链、增强现实、虚拟现实、人工智能、物联网的发展，其在教育、医疗、政府服务等实体场景下突破性的应用，成为与 5G 高速公路载荷相匹配的业务模式，但目前元宇宙赛道规范、技术标准和监管体系仍是空白。近期“元宇宙炒房热”已经引来包括《人民日报》《经济日报》《中国科学报》在内的多家主流媒体的批评，加强元宇宙治理已被提上日程。元宇宙带来了新的人机交互难题和对人异化的可能。

元宇宙将颠倒虚拟世界和现实世界的关系。目前的网络空间本质上仍然服务于现实空间，或者是现实空间的延展，网络社交也好，办公流程也好，最后的指向都是现实空间的增强。但元宇宙释放的信号是虚拟世界将是未来人类存在的“主战场”，现实将为虚拟服务，脱离了元宇宙本来增强现实的意义。这造成了人与现实空间的再度决裂，第一次决裂因网络空间的诞生而起，前者和后者相比，从部分沉浸演变成深度沉浸，而且时间更长。这意味着人类社会的生产和生活方式都会随之改变，在思维上会助长唯心和虚无，在身心上会让网络成瘾演变成虚拟病态，不利于社会的健康发展。大学生沉迷元宇宙将会成为新问题。

嵌套式技术的应用加大了治理难度。元宇宙技术所指相对清楚，主要涉及虚拟现实技术、人工智能技术、区块链技术、电子游戏技术、第五代移动通信技术(5G)、物联网技术、大数据技术等领域的新进展。但是，如果考虑新技术的应用和落地，那么情况会变得很复杂，涉及的不完全是技术问题，而是与方方面面的社会因素紧密相关。与20世纪90年代相比，相关新技术明显呈现技术汇聚趋势，新的技术集群在元宇宙概念下开始深度融合。元宇宙基于嵌套式技术的应用和支撑，给监管机构的技术治理和社会监督增加了难度。

元宇宙分布式治理对传统中心化治理的挑战。技术的发展必然会推动经济模式的改革，经济的发展又进一步促进了治理模式的创新。元宇宙运行模式——去中心化自治组织开创了一种新型的组织结构，是一种“去中心化组织＋智能合约”的形式。在这种组织结构中，治理和运营规则都可以被编写成代码放进智能合约。去中心化自治组织由遵守这套规则的股东进行管理，并且没有中心化控制组织等权威机构存在。元宇宙采用了智能合约、人人可参与建构的治理模式。基于元宇宙概念的衍生业务将不断推动互联网的去中心化，一方面，有可能推进互联网业务的反垄断，阿里巴巴、腾讯等大型互联网公司的业务未来可能受到实质性影响，另一方面，去中心化的分布式自治将从根本上挑战传统的中心化治理，即监管机构有问题找企业，通过整改的方式完成治理的闭环，面对分布式的自治社群和社区，中心化治理模式亟待改进。大学生很可能成为去中心化治理的追捧者，而对中心化治理产生抗拒心理。

元宇宙的泛在“交易化”破坏了公共信息的免费使用原则。以数字艺术品为例，作为区块链技术的应用之一，NFT（非同质化代币）能够给数字资产（如数字图片和视频剪辑）提供唯一的加密货币令牌，因而能够使数字艺术品的版权得到确定的宣示，进而进行买卖，于是实际上扩大了原创性数字艺术品版权保护的范围。目前网络上数字艺术品的拍卖方兴未艾。基于此模式，一切皆可交易，用户可以借助于互联网的信息化、智能化手段重新组合信息、社交和交易的场景，让自己真正掌控数字资产和资源。这打破了互联网平台的数据垄断，每个人都可以将数据打包成产品进行交易，未来免费的网络资源会越来越少。打破数据垄断之后，网络安全维护和个人数据保护在实际操作上更为困难，泛在交易与社会公共利益之间存在必然的矛盾，亟待治理。

二、中外人工智能伦理教育的开展情况

（一）国外高校的人工智能伦理教育

各类前瞻性研究和标准的提出，最终的目的是智能社会的参与主体能够更好地适应崭新的数字生存环境。青年一代作为社会发展的生力军，其对人工智能伦理的认识显得更为重要，这成为高等教育引入人工智能伦理教育的重要推力。近三年，加州大学伯克利分校、哈佛大学、剑桥大学、牛津大学、俄罗斯圣彼得堡大学、新加坡国立大学、韩国科学技术院和一些研究院都启动了人工智能伦理教育。“目前国际上已经有 90 多所高校开设了与人工智能相关的伦理课程，其中美国大学开设的数量最多。同时开设相关课程的系所呈现多样化，不仅有传统的计算机系开设相关的课程，比如斯坦福大学、伯克利大学等等；亦有哲学系、历史系、法律系、经济学系开设相关课程等等，比如爱丁堡大学、乔治敦大学等等。”[155] 其中，大多数高校都引入了嵌入式教学、案例教学，设置了实验课程和专门的伦理、法律课程。哈佛大学工程与应用科学学院在计算机专业的课程中采用伦理嵌入式的教

学体系，将人工智能伦理融入相关专业课程，同时增设了少部分专门的伦理课，侧重于解决技术开发与隐私的关系。[156]斯坦福大学的人工智能研究院由一名技术学家和一名哲学家共同担任院长，在嵌入式教学的基础上，直接增设伦理课的门次，在该学院2021年春季的47门可选课程中，9门为人工智能伦理方面的课程，5门为人工智能法律方面的课程。[157]麻省理工学院的计算机学院增设了专门负责计算与社会道德责任的副院长，并研发了"体验伦理"(experiential ethics)课程和经过同行评审认定的案例库，其教育对象不仅涵盖大学生群体，而且研发了1～12年级的模块教学[158]，使人工智能伦理教育前置，以便学生有充分的时间将伦理素养内化。可见，通过专业化、系统化的人工智能伦理教育提升大学生相应的伦理认知和扩大教育的受众范围，降低受教育年龄的贯通式培养是人工智能伦理教育的发展趋势。

(二)我国的人工智能伦理教育

人工智能伦理在中国学界引起广泛关注始于2010年前后，呈现了和国外趋同的三个分区：人机关系、道德编码和社会责任，至今已经取得了丰硕的成果。在学界的研究、国家的倡导、企业的践行方面，我们始终与国际社会对该问题的探索同频共振，但对青年的人工智能伦理教育并未引起广泛的关注。何艺宁等提出：面对人工智能的道德要求，需要更有针对性的教育方式和教育内容。[159]郭明哲等认为：必须建立一个完整的以人工智能为技术依托的教育体系，推动多学科融合发展，形成良好的工程伦理教育生态。[160]桑翔提出：人工智能＋教育应该融入伦理道德课。[161]任安波和叶斌提出了我国人工智能伦理教育的缺失和对策。[162]田凤娟提出了将人工智能伦理教育融入四门思想政治理论课的具体路径。[163]大多数高校还停留在借助于工程伦理课、自然辩证法等选修课程，来开展人工智能伦理教育，缺少体系性和专业性，对大学生人工智能伦理教育的迫切需求估计不足，对人工智能伦理教育的落地、做细、做实还未呈现清晰的实施路径。

综上所述，将人工智能伦理教育纳入面向智能社会的人才培养体系是顺应时代发展的崭新课题，全球顶尖高校的相关教育几乎同时展开。相比之下，我国高校对大学生人工智能伦理教育的迫切性估计不足，对人工智能伦理教育的开展还未引起广泛的关注。

三、大学生人工智能伦理认知现状分析

本书立足于清晰呈现大学生人工智能伦理的认知现状，引起高校对大学生人工智能伦理教育的重视，探索符合中国国情的大学生人工智能伦理教育，从当前国内外广泛关注的人机关系、道德编码、社会责任三个维度设计了18个问题，对大学生（本科生和研究生）群体进行了问卷调查，旨在了解和掌握大学生人工智能伦理认知现状，已有认知的误区、盲区以及与学习生活和社会发展的匹配度，引起高等教育对人工智能伦理教育的必要性和紧迫性的思考，探索高校引入人工智能伦理教育的进路和增益机制，为高校广泛开展大学生人工智能伦理教育提供建议和参考。调查对象涵盖东北、华北、华东、华中、华南和西北等地区20所大学[①]的2 040名大学生。

通过SPSS软件对样本数据进行分析后发现，人工智能道德哲学和应用伦理的相关系数为0.261，人工智能道德哲学和设计伦理的相关系数为0.201。可见，关于人工智能道德哲学的认知对人工智能的设计伦理和应用伦理具有重大影响。另外，人工智能道德哲学维度的离散度为0.028，设计伦理维度的离散度为0.053，相对较小。价值判断的趋同表明大学生对人工智能伦理的正确认知趋同，同时认知误区也呈现趋同的特点。应用伦理维度的离散度为0.153，较以上两个维度有了明显的增长，这表明在纷繁复杂的人工智能应用中，大学生的伦理认知呈现多样化的趋势，其对隐藏在现象之后的伦理本质还存在理解欠缺。数据分析的结果表明，大学生对人工智能伦理教育的认识与智能社会的需求之间存在一定的差距，以问题为导向开展人工智能伦理教育的必要性和紧迫性不断凸显。

调查发现，目前大学生已经开始关注到人工智能引发的伦理挑战，而且能够用集体本位思考相关伦理问题，但其总体认识呈现碎片化的特点，缺乏统一的价值引领和系统指导，大学生对部分智能应用的反人伦倾向缺少足够的警惕，对智

---

① 北京邮电大学、北京化工大学、中华女子学院、中央民族大学、北京师范大学、中国政法大学、华东政法大学、华东师范大学、中国公安大学、中山大学、湖南大学、北京工业大学、哈尔滨工业大学、哈尔滨师范大学、绥化学院、北京林业大学、西安交通大学、济南大学、黑龙江省中医药大学、大连大学。

能社会的深层变化和发展趋势的把握能力和主动适应能力还不够理想。

(一) 承认智能体的道德主体地位,但对人机关系的本质认识模糊,了解渠道单一

1. 确定人机关系是人与物的关系

在智能社会,人与智能体(智能机器和智能系统的统称)关系的定位在全球引起了广泛争议。关于机器人能否被视为"人"的问题,91.3%的受访者认为机器人不应该与人等同,而且82%的受访者思考过人和机器的区别。这表明绝大多数的大学生仍然把智能体视为"物",并不赞同机器人"人格说",并没有将其等同于人类。在人类社会的道德哲学中,道德意识和道德行为的主体是统一的,所以机器人是物,没有道德意识,原则上就不涉及道德行为。

2. 出现保护机器人权益的倾向

但在接下来的回答中,显然这一传统的道德哲学定式出现了新的变量。在调查中,66.6%的受访者不赞同像沙特一样给机器人国籍,但仍然有高达23.6%的受访者认为,应该给机器人国籍。也就是说,约五分之一的大学生虽然不承认机器人作为"人"的主体地位,但是已经能够接受将机器人作为国家共同体的一员,给予其相应的法律地位。更进一步,对于微软机器人"小冰"的诗歌作品,40.5%的受访者认为应给予著作权保护,只比反对者少9个百分点。这就为机器人从具有权利、义务的法律主体过渡到道德主体准备了条件。从受访者对机器人的处置方式中可以进一步窥见大学生接受物伦理的端倪。

3. 给予智能体基于道德情感的认同

57.5%的受访者对不再使用的家用机器人的处置方式是放在家里收藏,34.1%的受访者认为应将其送回厂家进行回收,27.8%的受访者决定将其放在外面可以怀念的地方,19.3%的受访者认为可以拆卸后进行废物利用,只有13.88%的受访者愿意将其放进垃圾回收站,12.6%的受访者表示不能确定。从数据中可以看出,选择收藏、怀念的受访者总和占比最大。即便智能体是物,但如果其执行的是情感交流和生活服务的功能,大学生则表现出赋予其一定道德主体地位的倾

向,趋近于人与人的交流模式,出现了情感依赖和共情的表现。

4. 对人机关系的本质认识模糊

在下一个问题中,大学生表现了更为复杂的认知心态。马斯克的脑机接口实验给人脑植入可搜集数据的芯片,以治疗目前医疗水平难以治愈的疾病。43.3%的受访者赞同这种做法,39.8%的受访者不赞同这种做法,15.89%的受访者不清楚是否应该这样做。赞同脑机接口和不赞同脑机接口的比例趋近。赞同者看到了人工智能对人类福祉的促进作用,反对者试图捍卫智能社会人的主体性,一旦广泛应用脑机接口,从目前的人机交互转变成嵌入式混合智能,则无法定义人是否还具有独立的自主意识。还有15.89%的受访者无法判定脑机接口是人类文明的新高度还是人类文明的终结者。

5. 大学生了解人工智能伦理的渠道单一

由以上数据分析可以初步确定,大学生的人工智能伦理认知已经从直觉的层面做出了判断,人与智能体的关系超越了传统的人与物的关系,只是在以脑机接口为例的一些具体应用中,还无法界定人机关系的尺度,而这些尺度恰恰是人工智能伦理教育的重点所在。调查还发现,70.3%的受访者看过《黑客帝国》这类涉及人工智能伦理的影片。在对近300名大学生的现场参访中,近80%的学生表示,目前自己了解人工智能伦理最直接的渠道是科幻电影。更重要的是,此类主题是好莱坞电影的偏爱。学生不仅会了解到知识,更会潜在地接受某种价值。西方大量的人工智能伦理影片反复强调的人机对立也会影响学生的价值判断。这一点在人工智能设计伦理和应用伦理的调查中表现得更为明显。可见,在价值观教育阵地上的任何缺失,都会给其他价值的滋生和推广留下空间。

6. 部分大学生存在人工智能伦理认知空白

另外,值得注意的是,在以上六个问题中,有五个问题都有接近或超过10%的大学生表示完全不清楚,特别是有18%的受访者从未思考过“何以为人”这个问题。这个群体单从比例上看并不算高,但是,乘以几千万的在校大学生基数,绝对数字非常惊人。在理论上这意味着可能有几百万大学生对智能社会的新变化茫然、不知所措,没有做好适应社会发展的相关准备。从这一点上看,人工智能伦理教育更显迫切，特别是人工智能的道德哲学教育应进一步加强，为学生理解和分析崭新的社会现象提供强大的理论工具和方法论工具。

（二）理解算法的道德意蕴，但对智能算法驱动的社会发展方向定位模糊

1. 理解智能算法的道德嵌入和价值排序困境

人工智能的道德算法就是要求在设计和研发某种人工智能产品及服务之前，设计者和制造商要有明确的价值定位，能够对其产生的伦理和社会影响有总体预判和应对措施。对于社会普遍关注的在自动驾驶算法设计中，发生交通事故时应该优先保全谁的生命，大学生给出的回答是：9%的受访者表示应该优先保全司机和车内乘客的生命，4.1%的受访者认为应该优先保全行人的生命，86.95%的受访者认为人的价值都具有优先性，无法排序，无法确定保护多数人还是少数人。大多数大学生都意识到了自动驾驶难题，并没有陷入算法决定论的误区，但在采访中，大学生对解决这一问题的出路表现出迷茫，这与社会总体上对该问题的认知现状相吻合。在算法层面，自动驾驶还不能提供解决伦理冲突的技术方案。涉及多个价值层的决策算法不仅存在技术实现上的难题，而且没有统一的价值判断作为道德嵌入的标准。正是这一认知结论导致了社会对自动驾驶、无人驾驶的不信任，在一定程度上限制了行业的发展。另外，自动驾驶和无人驾驶是各国激烈竞争的人工智能领域，既要尊重人的普遍价值，又要发挥出技术应有的作用。这对人工智能伦理教育的内容提出了新要求，在优化算法的同时，应突出自动驾驶和人的驾驶相比，整体的事故率大大降低，安全性大大提高。这种安全性还体现为规模的指数化，即自动驾驶越多，交通的整体通畅和安全水平越高。在自动驾驶还是自动辅助而不是完全自主决策的主体时，不能用过度伦理化来苛责或者限制新生事物的发展。

2. 对道德算法重构的责任体系缺乏认识

关于在自动驾驶交通事故中，如果无法归责，谁来赔偿受害者的多项选择题中，71.5%的受访者选择了保险公司负责损害赔偿，69.7%的受访者选择了车辆生产商，38.2%的受访者把司机或者车辆持有方列入责任范围，32.7%的受访者

认为车辆经销商也应该负责，30.9%的受访者认为有必要设立国家赔偿基金。不难看出，约七成大学生把保险公司和车辆生产商列为首要的赔付方。生产商是自动驾驶车辆设计的第一责任人，在算法不透明，特别是在人工智能自我决策的机制机理不可解释的情况下，将生产商排在前列赔付可以理解。大学生把保险公司列在第一位进行赔付看似稳妥，实则恰恰是缺乏对智能时代社会深层变化的认知。传统意义上的保险公司是分担责任方的责任或者减少不可抗力带来的损失，但智能社会越来越多的责任无法确定责任方，又不属于不可抗力。人工智能还处在发展阶段，纯商业保险会加重生产商和保险公司双方的负担，进而降低行业发展的积极性。为鼓励新兴产业的创新积极性，主要人工智能大国更倾向于设立国家赔偿基金。智能社会的归责体系和保障体系发生了新变化，这意味着大学生要提高相应的责任意识和救济意识来适应体系性的重构。这也再次说明，要深度理解智能社会表象后的嬗变，需要专门和专业的系统性指导。

3. 对智能体超越人类呈现分化性认识

虽然人工智能设计的上限暂时触及了天花板，通用人工智能和强人工智能在短期内难以突破技术瓶颈，但关于人是否应该设计超越人本身的智能，仍然是经久不衰的伦理议题。对于霍金关于算法突破后的人工智能必将超越人类的预言，42.7%的受访者表示赞同，36.5%的受访者表示不赞同，还有20.8%的受访者表示不确定。在关于人工智能超越人类的问题上，没有任何一种答案超过半数，可见大学生在这个问题上模棱两可。这恰恰是中外人工智能伦理教育的分水岭。西方国家普遍认为人工智能终将超越人类，一方面呼吁社会提升防范风险的能力，另一方面进一步加剧了人机对立。这一点在国外大量的媒体报道中可见一斑。我国高校开展人工智能伦理教育应明确指出大力研发人工智能的目的不是挑战人类智慧的极限，研究“巅峰智能”超越人类本身，而是在遵循科学规律的基础上实现人机环境系统智能，在人工智能设计不断迭代甚至超越人类的后人工智能时代，构建人与智能体的道德共同体。基于马克思主义观点、立场、方法的人工智能伦理观，是有效避免大学生盲目反人工智能或不加判别全盘接受的认知基础。

（三）高度关注人工智能的社会责任伦理，但对智能应用存在的伦理失范缺乏警惕

1. 视人工智能为就业威胁，未认识到智能社会对就业主体的新需求

人工智能社会应用引发的伦理问题与大学生的联系最为紧密，也最受关注。人工智能应用对就业的影响是大学生首要关注的问题，59.5%的受访者认为人工智能会逐步替代人类劳动，造成规模性失业。对于软件编程领域的人工智能应用是否会与程序员"抢饭碗"的问题，59.6%的受访者给出了肯定的回答。大学生视人工智能为就业竞争者的现象提示我们，在人工智能伦理教育中，要充分解读智能社会的就业发展需要，这不仅是伦理问题，而且是与学生切身利益、社会稳定紧密联系的社会问题，须将大学生的注意力从智能体抢占就业机会转向智能社会与个人能力的重新匹配，提高个人适应社会的主动性，这也是智能社会对高等教育培养什么人、怎样培养人提出的时代课题。

2. 认为"女友机器人"有存在的合理性，未反思深层的伦理失范

随着人工智能应用场景的增多，智能滥用的情况越来越普遍。对于有些国家引入"女友机器人"，并在市场上大受欢迎的现象，45%的受访者表示不赞同这种做法，但是36.6%的受访者表示赞同。赞同与反对之间的微弱差异与中国作为千年伦理大国的传统相背离。家庭隐私为世界各国立法所保护，家庭中的自决权属于私权利，所以部分大学生理所当然地认为"女友机器人"是"私事"。事实上，把人形机器人作为女友的全开放态度，是以"私"的名义来破坏人类伦理中的"自然法则""姻亲关系"，并与当下的无子化、少子化现象相结合，成为导致社会深度失序的暗流，必须用坚决抵制和摒弃的态度予以防范。从这个问题的回答中能够看到，大学生对人工智能应用中可能违反基本人伦的倾向缺少足够的认识和警惕，引入人工智能伦理教育不仅恰逢其时，而且势在必行。从另一个侧面这也充分显示了伦理教育的本土化特点，不同的社会秉承不同的伦理传统和标准，人工智能的应用具有明显的社会选择性，要教会学生负责任地行使这种选择权。

3. 能够平衡公益与隐私保护的关系，但忧虑人工智能营造的虚拟现实

在隐私保护的威胁方面，大学生对人工智能的社会公益应用和商业应用表达

了截然不同的态度,这与西方社会将两者等同的趋势完全不同。对于无所不在的监控、人脸识别,59.6%的受访者表示出于维护公共安全的目的可以接受,34.5%的受访者认为这侵犯了隐私,只有4%的受访者认为不存在侵犯隐私的问题,还有1.9%的受访者表示不清楚。这表明,大学生已经开始关注到人工智能应用与隐私保护之间的关系,而且大多数大学生愿意为维护社会利益而让渡部分隐私权。在人工智能的商用方面,大学生对网站、应用程序用人工智能技术自动收集个人数据,通过推荐算法投其所好,表现出了较低的容忍度和一定的焦虑感,59.8%的受访者担心,在算法的不断推荐下,自己可能会生活在非真实的"个性化"世界里。

4. 对人工智能的安全性高度关注,迫切需要多元保护和加强社会认知

对于安全风险系数极高的军用机器人,78%的受访者认为,如果其失控,可能会威胁人类安全。同理可以设想,大学生对智能医疗诊断、智能司法系统等与生命安全、自由关联度较高的应用,也存在较多的疑虑。这些涉及基本人伦、隐私和安全的社会应用所引发的伦理问题,不仅需要高校开展人工智能伦理教育,还需要国家和企业层面的环境构建,形成智能社会的良性生态系统。关于中国人工智能发展的多项选择题中,77.4%的受访者把大力发展核心技术列入选项,这在整体上表现了大学生对人工智能的乐观态度,与西方社会的人工智能悲观论形成了鲜明的对比。75.5%的受访者把相关配套立法列入选项,67.4%的受访者认为应该加强伦理规范,63.4%的受访者把加强社会认知列入选项,还有超过四成的受访者认为应该明确发展方向,提高算法透明度。从中不难看出,大学生对人工智能伦理教育有着强烈需求,希望加强社会认知,而且注意到了不能脱离技术和法律空谈伦理。

四、加强大学生人工智能伦理教育的建议

(一)确立中国特色人工智能伦理教育的哲学依据

1. 高度重视人工智能伦理的意识形态性

在回应人工智能伦理挑战的探索之路上,研究人员希望能从休谟、海德格尔、

维特根斯坦等著名哲学家的理论中得到道德哲学和思维方法的启发，但马克思主义认为："一切以往的道德归根到底都是当时的社会经济状况的产物。"道德也是一种意识形态，没有超越阶级的道德。人工智能伦理作为社会意识、道德问题，必然受到社会制度、阶级、文化、意识形态的影响，不存在具有"普世价值"的伦理方案。不同国家的人工智能伦理教育都会受到本国社会制度、传统文化、道德标准的影响，在价值判断上具有鲜明的本土化特点。我国高校在开展人工智能伦理教育，借鉴国外已有教学体系和课程成果的同时，决不能忽视人工智能伦理的意识形态性。只有坚持和运用马克思主义的立场、观点、方法，将大学生碎片化的人工智能伦理认知搭建成清晰、系统的框架，指导和规范大学生树立符合社会主义核心价值体系的人工智能伦理观，才能趋利避害，使人工智能精准实现人类价值。

2. 加强马克思主义对智能社会的解读

由于马克思所处的时代没有现代意义上的人工智能，因此部分大学生会产生马克思主义"过时论"的错误认识。用马克思主义引领人工智能伦理教育就兼具双重任务，一方面要帮助大学生消除在人工智能伦理认识上的误区、盲区，另一方面要加强马克思主义对智能社会的解读，始终使大学生保持对马克思主义的坚定信仰。马克思主义具有鲜明的时代性和与时俱进的品格。首先，马克思关于机器体系和科学发展以及资本主义劳动过程的论述，以科学的态度、缜密的论述，几乎预言了智能时代的到来；其次，辩证唯物主义是关于自然、社会和思维发展一般规律的普遍概括，同样也是高校组织和开展人工智能伦理教育的思想方法；最后，马克思主义是科学的认识论，创造性地揭示了人类社会的发展规律，更是实践论，指引着人们改造世界的行动。"智"是认识世界，"能"是改造世界。人工智能伦理教育就是要引导大学生正确认识"智"的本质，合伦理地设计和运用人工智能，提升改造世界的能力。两者的高度契合表明马克思主义理论在智能社会不仅具有强大的生命力，而且能够引领人工智能伦理教育实现工具理性和价值理性的统一、理论与实践的统一。

3. 加强马克思主义对人工智能伦理的问题导向的校勘

对于人机关系的模糊，人工智能必将超越人类、反噬人类文明，人工智能滥用导致深度的伦理失范，人工智能对就业、隐私、安全的冲击等问题，要从马克思主义认识论的角度进行校勘,用马克思主义经典著作对基于西方社会伦理观念的人工智能伦理方案进行证伪。首先是破解基于唯心哲学的人工智能与人的等同论,厘清人机环境系统的关系本质是以机器为媒介的人与人,人与社会、环境之间的关系;其次是消解人工智能威胁论,把学生从西方影视作品表达的人工智能悲观论中解放出来,围绕人工智能为人类社会整体提供福祉的总目标进行技术改进、法律规制和伦理建构;最后是将人机对立转向人机的对立统一,引导大学生将人工智能融入社会和国家治理,乃至全球治理体系,共同营造包容共享、公平有序的发展环境,探索安全可信、合理可责、人机和谐的可持续发展模式,弥合科技与人文的撕裂,回归人的主体性。

(二)建构人工智能伦理教育的完善体系

人工智能伦理教育在伦理层面是探求智能理想的存在方式,在道德层面是实现应然与实然的统一,在实践层面是探寻多方和谐共处的模式。人工智能伦理教育体系的建构要考虑两个层面的需求,一个是未来工程师、科研人员,以设计可信赖的 AI 为着眼点,一个是泛在的大学生群体,以适应智能社会的转变为侧重点。人工智能伦理教育体系应充分兼容两者的不同需求,并且要在重合交叉的部分做好融合。

1. 以专业课程为依托的嵌入式伦理教育

以往的科技伦理所要考虑的是应用层面的伦理,但与之具有本质不同的是,大量的人工智能伦理已经嵌入科学技术本身,既有科技应用的问题,也有创建科技的问题。这就决定了人工智能伦理教育要结合专业课程进行。以复杂的自动驾驶伦理为例,在道德算法的设计过程中,需要结合虚拟现实演示、道德分析、算法实现等多个层面推进解决方案,伦理嵌入恰逢其时,可以帮助学生更深刻地理解和内化伦理问题的产生和规避路径。在专业课程中进行嵌入式伦理教育是目前被多国高校广泛采纳的做法。从这个意义上讲,我们也看到智能社会正在悄然改变教育的传统模式,现代教育正从原来微观分科的专业化道路走向宏观的交叉和统筹,特别是科学技术所代表的理性教育、知识教育与世界观、人生观所代表的价值教育出现了前所未有的交汇,越来越多的专业课程将走出技术中立,开启价值回归之路。

2. 专门的人工智能伦理课程

在专门的人工智能伦理课程方面，全球顶尖高校的开课数量和授课教师的资质都走在世界的前列。经过调研，目前在我国有计算机学院、人工智能学院的高校中，开设专门的人工智能伦理课程的学校较少，大多数高校将该部分内容融入“工程伦理”“自然辩证法”“科研诚信与学术规范”等课程中。这就决定了授课面、专业性和授课时间都有一定的局限性，已经无法满足智能社会快速重构生存和交往方式的需要。2022 年 3 月 22 日，清华大学召开科技伦理教育专项启动会，强调在人才培养方面，不仅要培养具有创新知识和创新能力的人，还要培养具有科技道德和科技伦理的人。在科学研究方面，不仅要有勇于探索创新的精神，还要有道德底线、伦理红线、规则高压线的良知和坚守。此外，会议强调要有序有力地做好科技伦理教育，重点干好开金课、推名师、编精品教材三件事。[164]

充分借鉴已有的优秀成果，引入专门的人工智能伦理课程恰逢其时。课程设置应从工程类专业向基础科学、管理、法律等学科拓展。提升人工智能伦理课程的专业性、广泛性和层次性是我国高校开展人工智能伦理教育的必由之路。

3. 思政课程和课程思政的协同伦理教育

相比于国外高校只能开展专门的人工智能伦理课程和专业课程的人工智能伦理嵌入，我国高校的人工智能伦理教育具有更多样的渠道和课程抓手，特别是在扩大受众群体方面，可以将人工智能伦理教育融入思想政治理论课。人工智能伦理教育体现了多学科融合的趋势，在多个学科和一系列课程群中引入价值取向和精神追求，难点在于价值统一，避免在有些课堂上，不加甄别地对基于西方个人本位价值观的人工智能伦理思想加以灌输，造成价值误导。人工智能伦理教育的特点恰恰契合了高校思政课程和课程思政的协同，这也是中国特色人工智能伦理教育的突破口和创新点。在与专业课程协同的过程中，要做好理念的协同、育人目标的协同和教育内容的协同。如果说前两者通过教师协同比较容易达成共识，那么教育内容的协同对于专业课教师和思政课教师都是重大挑战，两者认知结构的拓展本质上是智能社会对教育工作者提出的新要求——人工智能伦理教育体系基于学生、教师的双向完善，共同构建价值的导航仪和伦理的反射弧。

4. 面向还原主体性的自我伦理教育

人工智能飞速发展,每一次技术飞跃都会衍生新的伦理问题,大学生只有培养起对人工智能伦理的自觉反思习惯和敏锐性,才能根据社会发展的新变化进行个性化的自适应。人工智能伦理教育的成果导向在于学生能够进行自我伦理教育,所以无论是专业课程的嵌入还是专门的人工智能伦理课程,或是思政课程和课程思政的协同,都要为学生的自我学习做好铺垫和引导。在硬件配备上,要加强人工智能伦理自我教育的具体化、可视性和交互性的实现手段;在软环境的建设上,首先要通过丰富的案例引起学生的积极性、选择性和创造力,其次要拓展教育空间的边界,构建以及增强大学生对未来职业的认知和自我实现的可能性,丰富自我实现的体验,最后要通过项目、活动激发学生研究、创新的积极性。"软硬兼施"的辅助使大学生对人工智能伦理自我反思、自我评估、自我认同的过程以及独立获取相关知识和能力的技能和价值预判的自觉相关联。

5. 以校园活动和企业实习为依托的实践伦理教育

人工智能伦理教育的落脚点在于指导大学生的道德实践。在校园媒介层面,大学生可以通过参与相关竞赛、学生活动,使用人工智能实验室、智慧教室和体验学校各类智能服务,对标课堂内容进行伦理学习。在社会应用层面,百度翻译、通信终端的语音助手、应用程序的智能推荐、各种支付软件的人脸识别、银行及运营商的智能服务电话、小说、电影都可以成为大学生个性化自主学习的感知和认知载体。最后,充分借助于中国作为人工智能大国的优势,通过企业实践和社会实践来巩固和加强大学生解决实际伦理问题的能力。人工智能伦理教育离不开企业和社会。以马克思主义为指导,以智能社会核心素养培育为目标,校、企、社会共育的人工智能伦理教育增益机制,将主客体要素、内容、载体要素、环境要素、评价要素有效整合,必将加快中国特色人工智能伦理教育认知体系和价值体系的构建,形成大学生人工智能伦理教育的闭环。

(三)人工智能伦理素养

大学生对人工智能伦理的认识欠缺实则就是自身与智能社会相匹配的素养不足。人工智能伦理教育的根本目的不是为难解的人工智能伦理问题逐一找到答案，而是围绕大学生的全面发展，通过不断的习惯化培养，使大学生建立起对社会问题进行伦理反思的自觉意识，形成与智能社会发展相匹配的素养。人工智能伦理教育的素养指向不仅是帮助大学生正确理解和解决已知问题，更重要的是使大学生能够从容地应对瞬息万变的社会，对未知世界有预见性和建设性。

1. 终身学习素养

智能代替人类劳动对就业结构的改变已成不争的事实，但同时也产生了许多新职业、新岗位。人工智能的出现会在一定程度上造成社会的阵痛，人类很难阻挡某些领域的失业浪潮，重复性强、重体力、缺少创造力的岗位将最先被替代，不过从长远来看，与人工智能一同到来的，还有更多的就业机会和更高级的工作方式。这种转变并不意味着大规模失业，而是社会经济结构和秩序的重新调整优化，与创新、协调、绿色、开放、共享的新发展理念相契合，与数字经济的运行逻辑相契合。传统的工作形式转变为新的工作形式，如数字零工、自由工作者、多岗位就业等，生产关系的变革必将进一步解放生产力，使人向着更加自由、高水平的生活迈进。高校人工智能伦理教育应培养学生的终身学习素养，包括快速跨界学习能力，信息获取能力，知识与技能、事实与价值融合的能力，让学生从一味强调人工智能抢占就业机会转向对企业人才需求的关注。随着智能社会企业需求的快速变化，终身学习素养对大学生整个职业生涯的发展都将具有重要意义。终身学习首先要在实践中学习，将基础学习与应用实践相结合，与现代职业体育选手以赛代练的做法相似，提高实战能力；其次要充分运用社会资源，注重互动式的在线学习，如各类自媒体的教学、创新工厂投资的 Vipkid、盒子鱼、国内外知名大学教授的网络公开课、慕课、讲座等；最后要主动向机器学习，在人工智能的计算结果中找出有助于改进人类思维方式的模型、思路和基本逻辑。远程的人际协作和人机协作将成为重要的学习方法。人工智能时代是个性化学习时代，跨学科学习、自主学习、兴趣驱动的学习尤为重要，只有清楚自己的特点和未来的目标，才能更好地运用数据和信息，利用时代赋予的海量资源。

2. 数据安全素养

数据越多的地方，智慧越多，这和互联网思维有着本质的区别，互联网本质上是规模和流量优先，而人工智能思维更关注数据和场景。互联网重在信息的获取和收集，人工智能重在信息的加工和处理，得出辅助决策的建议。人工智能能够在短期内飞跃，得益于海量数据对算法的训练，但大量数据的收集涉及国家安全和个人隐私安全。在调查中，学生对隐私泄露的担心和对个人信息保护的需求非常强烈，这看似可以依靠国家立法和企业自律，实则需要每个网络参与主体的共建。一方面要提高学生的数据保护意识，对个人信息使用、发布保持审慎态度，另一方面也要灌输合法、合规地收集、处理和使用数据的素养，避免过度收集、逾越红线，成为泄露他人隐私的推手。大学生培养良好的数据安全素养时应注意：第一，警惕搜索查询数据的泄露；第二，谨慎下载智能应用软件；第三，重视细微信息的价值。人们在网络空间中做的所有事情都会被（至少短暂地）记录下来，人们往往并没有意识到有人在收集有关他们及其活动的信息。软件越来越复杂，有时候甚至连企业、组织和网站管理者都无法知道他们使用的软件到底收集和存储了什么信息。泄露总是会发生，因此数据的存在本身就会带来风险。把许多很细微的信息收集在一起，就可以比较详尽地描绘一个人的生活。由于保存的个人信息数量越来越大，数据检索和分析工具的能力越来越强，因此重新识别身份变得非常容易。[165]

除了个人隐私之外，数据主权也是人工智能时代的底线思维。在俄乌冲突中，美国准确地判断出俄罗斯对乌克兰进行武装进攻，就是根据卫星图片和人工智能搜索到的俄军及其物资的运行轨迹，通过算法准确地做出了预判。可见，数据已成为事关国家领土安全、军事安全的“重器”，必须建立数据安全思维，从日常的生活、学习、工作习惯入手，防患于未然。另外，作为人工智能的基础，大数据很可能具有欺骗性，尤其是在它们仅部分地捕获与该领域最相关的数据时。此外，在许多领域历史数据失效的速度是很快的。[166]培养数据安全素养的重要目的是善用数据，而非依赖数据。

3. 人机和谐素养

在智能社会，无论是学习、生活还是工作，人越来越多地面对智能体。未来并不排除具有自主意识和决策能力的强人工智能会出现，人机交互更似人与人的交互。人机和谐本质上是人对他人、社会、国家的信任。新冠肺炎疫情大流行期间，很多西方国家无法将最先进的人脸识别技术用于抗疫，很大程度上是因为个人本位教条下，人与社会、国家的对立。人机和谐还有助于为机器的深度学习营造良好的道德环境，避免智能成为人类社会道德歧视的延续。人类有强大的跨领域联想、类比、推理能力，小样本、小数据的抽象能力，体系性建构理论的能力，心智健全者与生俱来的常识认知、理解、判断能力，态势感知的复杂情况处理能力，审美和情感能力，[167]这些都是机器通过迁移学习、强化学习等仍然无法与人相比的地方，这也是人的不可替代的价值，人机各有其用，二者和谐相处必将发挥一加一大于二的实际效果。

4. 全过程伦理校准素养

整个互联网时代更多关注的是软件层面，而在人工智能时代，从智能语音到传感器、激光雷达支撑的无人驾驶，都需要软硬结合。通过软硬结合创造的人工智能产品，既有来自软件的伦理要求，也有来自硬件的伦理要求，还有来自最终产品的伦理要求，所需要关注的伦理环节和利益、责任相关方也在增加，全过程伦理校准将成为人工智能时代的必备素养。

5. 道德编码素养

编程是人工智能的基础，开展普遍化的编程教育已经成为全世界的趋势，人工智能时代的编程就像互联网时代的计算机办公一样，具有普遍化的需求。2013年，美国陆续有23个州将编程纳入中小学课程；2014年，英国中小学增加了编程考试；2015年，美国白宫拨款40亿美元推动编程教育；2017年，新加坡O-Level加入编程考试；2018年，韩国中小学教育加入编程课程；2020年，编程成为日本中小学的必修课。[168]在人工智能时代，人们普遍认为数据优于算法，有足够的数据，即便算法稍微弱一些，也能得到不错的结果，但真正的社会进步是算法，而非数据。由于企业受到研发成本和技术的限制，大量人工智能算法不透明、不可解释，所以存在“道德黑箱”的问题。这就要求在创建人工智能算法阶段，即使在监管缺位的情况下，参与人员仍然要本着敬业精神和行业自律，坚持主流价值观，捍卫人类尊严，提高人工智能的透明性、可解释性、可追溯性，增进社会对人工智能的信任。大学生中的相当一部分人可能是未来的工程师、人工智能创建者，道德编码素养必须从学生时代就牢固地成为思维习惯，才能确保大学生在未来的实际工作中坚守底线、一以贯之。

6. 责任素养

人工智能广泛应用,产生了大量“无主”责任。在不存在质量和操作问题时,特斯拉的自动驾驶造成车毁人亡,原因是环境中光线的强度过大,强烈的反光让图像识别系统误认为前面的汽车是一片空白。大学生在享受人工智能带来的便利服务的同时,必须培育责任素养,对尚未完全成熟又关乎生命安全的各类智能操作,不能全面退出人的参与,要从传统“事故伦理”的事后补偿思维转向责任最小化的预防思维。

7. 法律素养

人工智能伦理涉及人的生命、财产安全,人的隐私和尊严,社会稳定和国家安全,所以人工智能大国均制定了人工智能伦理的强制性规范,出现了伦理法律化的趋势。人工智能伦理教育要明示学生,伦理的边界即法律的起点,不能存在伦理只是非强制性规范,不会受到法律制裁的侥幸心理。人工智能以超乎想象的速度迭代,这就决定了相关立法必然滞后于新应用的发展,法律素养的培育恰恰是在法律真空地带实现自律的可靠保障。

第五章

厚德载物:建构人工智能伦理的中国方案

伦理的起点在于反思,而终点在于责任。人工智能全方位的伦理挑战无法全部在马克思主义经典著作中找到明确的答案,但与时俱进是马克思主义的理论品质。习近平总书记指出:“理论的生命力在于不断创新,推动马克思主义不断发展是中国共产党人的神圣职责。”[169]建构人工智能伦理的中国方案是马克思主义中国化的具体体现,是用习近平新时代中国特色社会主义思想解决人类问题、贡献中国智慧的具体体现。

一、各方对人工智能伦理挑战的回应

人工智能伦理是关于协调发展人工智能技术使之更好地造福于人类的一门科技伦理的分支学科。人工智能伦理的宗旨是从正反两个方面回答:人类社会与人工智能技术构成的整体应该做什么和不应该做什么的问题。[170]在对人工智能伦理挑战的回应中,研发企业、国家、国际组织和学者都给予了建设性意见并提出了具体准则,呈现各抒己见、积极推动的局面。人工智能伦理建构的体系框架也基本达成了共识,但具体的应用规范仍有一定的分歧。

(一)研发企业的回应

人工智能领军企业在人工智能伦理的构建和发展方面处于显著地位,它们负责研发和推广人工智能产品，具有相对丰富的人工智能伦理实践经验，因而在人工智能伦理的构建方面拥有较高的话语权。近年来，人工智能研发企业对人工智能日益显露的伦理挑战纷纷做出回应，国内外人工智能领军企业都发布了各自的人工智能伦理准则，并设立了企业人工智能伦理委员会来指导人工智能伦理的构建和推动人工智能的正确发展。

2014年，谷歌应英国人工智能公司DeepMind的收购要求，成立了人工智能伦理委员会，较早地对人工智能的企业伦理进行了实践。2015年5月，谷歌为了方便用户照片的管理更新了照片应用，该应用可以通过机器识别自动对照片进行分类，但由于技术的不成熟，发生了将黑种人照片归为大猩猩的尴尬事件。谷歌社交主管Yonatan Zunger对此做出回应，将全力查找问题根源，但谷歌对漏洞进行修复后，使用者发现少量照片仍然会被错误地归为大猩猩，最终谷歌只好取消了大猩猩这个标签。[171]2018年6月，针对曾出现和将来可能出现的人工智能伦理问题，谷歌提出了人工智能七原则。此外，谷歌也明确声明了不会研发可能对人造成伤害的武器或技术的人工智能应用。2018年12月，谷歌旗下的YouTube向客户推送了极端主义和虚假新闻，YouTube回应称算法推荐系统还有待改善，并向客户道歉。为加强自律和监管的透明度，2019年上半年，谷歌开始尝试组建人工智能伦理外部咨询委员会——“先进技术外部咨询委员会”。

2018年7月，微软公司总裁施博德表示，人们在发展人工智能的同时需要注意到人工智能所承载的伦理道德观念，人工智能只有在符合伦理道德标准的前提下才能够为人类服务。为了设计能被人们信赖的人工智能，微软提出了“希波克拉底誓言”，其中提到了六项基本准则——公平、包容、透明、负责、可靠与安全、隐私与保密，作为其解决人工智能伦理问题的价值框架。另外，微软还推出了新书《未来计算：人工智能及其社会角色》来分享微软在人工智能发展过程中所进行的伦理问题的思考。同年，微软公司内部由高管组建了人工智能伦理道德委员会，旨在分享人工智能伦理建构的“最佳实践”。

IBM提出了人工智能四原则，与谷歌和微软的解决思路基本相近，均是通过行业准则和自律的方式建立起社会对企业开发人工智能的信任。

2018年9月，百度董事长兼CEO李彦宏发表了题为《AI时代全面到来》的演讲,谈到了真正的人工智能公司不仅要掌握人工智能技术,还要遵循人工智能伦理,并提出了百度的人工智能发展的四大原则:第一,人工智能的最高原则是安全可控;第二,人工智能的创新愿景是促进人类更加平等地获得技术能力;第三,人工智能存在的价值是教人学习,让人成长,而不是取代人、超越人;第四,人工智能的终极理想是为人类带来更多的自由和可能。李彦宏还建议,应由政府部门牵头组织行业专家、企业代表和行业用户等各方一起开展人工智能伦理研究和顶层设计,促进人工智能更好地造福人类社会。

2019年7月,腾讯发布人工智能伦理报告《智能时代的技术伦理观——重塑数字社会的信任》,倡导人工智能新型技术应该安全可控、创造幸福和推动社会可持续进步的伦理观。2020年1月,腾讯发布《千里之行·科技向善白皮书2020》,倡导技术向善和避免技术作恶,追求社会长期价值和福祉最大化。

(二)主权国家的回应

主权国家可以通过立法来应对人工智能所带来的伦理问题,这种方式直接将对人工智能伦理挑战的回应上升到准法律层面,代表了人工智能伦理的强制性约束。

2007年,韩国最先提出人工智能的伦理问题,通过了《机器人道德宪章》,主张对具有人工智能的机器人程序的创建者以及参与开发、生产、使用和销毁的人员进行详细的监管。紧随其后的是英国,2016年4月,英国标准组织(BSI)发布机器人伦理标准《机器人和机器系统的伦理设计和应用指南》,为识别潜在的伦理危害提供帮助,代表了把伦理价值嵌入机器人和人工智能领域的第一步,指出机器人的主要设计用途不能是杀人或者伤害人,对于任何机器人的行为都应找到背后的负责人,要透明设计,考虑机器人对多元文化的尊重。2016年10月,美国发布《国家人工智能研究和发展战略计划》,其中第三项战略就是AI的伦理、法律和社会学研究战略,指出通过设计提高公平性、透明度和可责性,构建AI伦理,因各国文化、宗教和信仰的不同而存在差别,需要构建一个可以被广泛接受的伦理框架来指导AI系统进行推理和决策。2018年,俄罗斯的《机器人技术和人工智能示范公约》提出了安全、透明、不伤害人类原则,创造者和投资者具有提示风险的责任和义务，尊重人权和人的尊严以及普遍道德标准，功能和目的相一致原则。2018年6月，新加坡发布《AI治理和道德的三个新倡议》，提出建立一个值得信赖的生态系统非常重要，在该生态系统中，行业可以从技术创新中受益，同时可以确保消费者的信心和理解。

在自动驾驶的治理和追责方面，德国发布了关于自动驾驶汽车道德的报告，报告指出：人类的安全必须始终优先于动物或其他财产；当自动驾驶车辆发生不可避免的事故时，任何基于年龄、性别、种族、身体属性或任何其他区别因素的歧视判断都是不允许的。德国和美国在自动驾驶领域都通过立法要求驾驶人可以在任意情况下接管车辆，来应对自动驾驶过程中的突发状况。英国主张通过立法将自动驾驶事故责任纳入保险体系，在保险体系的基础上，受害人可向自动驾驶车辆的设计、制造和使用人员请求赔偿。

关于人工智能的主体性问题，不同国家的回应各不相同。2016年，沙特率先授予机器人索菲亚公民身份，这意味着智能体的主体性地位在很大程度上得到了沙特的法律认可。俄罗斯与沙特做法不同，俄罗斯在2017年起草了该国第一部关于智能机器人法律地位的法案——《格里申法案》，该法案不承认机器人可以拥有人类自主性的能力，机器人被视为一种与动物相似的财产。同时，对于机器人侵权事故的处理，不考虑机器人的侵权意图，只考虑机器人的侵权行为。[172]据此，机器人仍然是完全意义上的物。还有一些国家对人工智能的主体性问题采取“搁置争议，逐个击破”的立法策略，暂时抛开对人工智能主体性的纠结，而是以问题为导向，只对迫切需要人工智能应用的领域做出规定。总体来看，大部分主权国家并没有承认智能体的法律主体地位，但不排除未来部分国家给予智能体法律主体地位的可能性。

关于人工智能的隐私权侵权问题，世界各国均较为重视。美国的特点是，对于隐私权的保护，在公领域采用分散立法模式，在私领域采用行业自治模式，加强个人信息保护的针对性。澳大利亚和新加坡倾向于采用美国的行业自治模式，而欧盟国家注重通过标准化的立法来加强对个人信息的保护。新西兰则结合行业自治和标准化立法两种模式共同对隐私权侵权进行管制。

中国作为人工智能大国，在制定人工智能技术发展战略的同时，高度重视对人工智能伦理挑战的回应:“开展人工智能行为科学和伦理等问题研究,建立伦理道德多层次判断结构及人机协同的伦理框架。制定人工智能产品研发设计人员的道德规范和行为守则,加强对人工智能潜在危害与收益的评估,构建人工智能复杂场景下突发事件的解决方案。”党的十九届四中全会明确提出了“健全科技伦理治理体制”。2018 年 10 月 31 日,中共中央政治局举行第九次集体学习,习近平总书记在主持学习时强调:“人工智能是引领这一轮科技革命和产业变革的战略性技术,具有溢出带动性很强的‘头雁’效应。”[173] 科技伦理是科技活动必须遵守的价值准则,需要推动构建覆盖全面、导向明确、规范有序、协调一致的科技伦理治理体系。2019 年,国家组建科技伦理委员会,习近平总书记再次做出重要指示:“要整合多学科力量,加强人工智能相关法律、伦理、社会问题研究,建立健全保障人工智能健康发展的法律法规、制度体系、伦理道德。”[174] 习近平总书记对人工智能伦理的高度重视,充分体现了其对科技革命演化趋势的深刻洞察,彰显了其对全球创新竞争态势的准确把握。发挥好人工智能“头雁”效应,推动新一代人工智能健康发展,对于我国建设创新型国家和世界科技强国具有重要意义。

2019 年 6 月 17 日,国家新一代人工智能治理专业委员会发布《新一代人工智能治理原则——发展负责任的人工智能》,提出了“和谐友好、公正公平、包容共享、尊重隐私、安全可控、共担责任、开放协作和敏捷治理”八项原则。其中的敏捷治理强调,应在人工智能的发展中及时发现和解决可能引发的风险、推动治理原则贯穿人工智能产品和服务的全生命周期、确保人工智能始终朝着有利于人类的方向发展。党的十九届五中全会指出,2035 年我国将进入创新型国家行列。2021 年 9 月 25 日,国家新一代人工智能治理专业委员会发布《新一代人工智能伦理规范》,旨在将伦理道德融入人工智能全生命周期,促进公平、公正、和谐、安全,避免偏见、歧视、隐私和信息泄露等问题,增强全社会的人工智能伦理意识与行为的自觉,积极引导负责任的人工智能研发与应用活动,促进人工智能健康发展。2022 年,中共中央办公厅、国务院办公厅印发了《关于加强科技伦理治理的意见》,提出坚持促进创新与防范风险相统一、制度规范与自我约束相结合,强化底线思维和风险意识,建立完善符合我国国情、与国际接轨的科技伦理制度,塑造科技向善的文化理念和保障机制,努力实现科技创新高质量发展与高水平安全良性互动,促进我国科技事业健康发展,为增进人类福祉、推动构建人类命运共同体提供有力科技支撑。

(三)国际社会的回应

人工智能伦理挑战并不只是某些国家和地区需要面对的问题,而是全世界需要共同协商和解决的问题。2016年,联合国教科文组织和世界科学知识与技术伦理委员会发布了《关于机器人伦理的初步草案报告》,回应了当下人工智能技术发展给人们带来的伦理挑战。该报告提出,机器人给人们带来的伤害不应当局限于某次事故造成的人身损害,更应该包括给人们带来的侵犯个人隐私、使用者对机器人的类人行为产生的过度依赖等心理伤害。该报告还明确了对智能机器人技术的法律监管中可追溯性的重要性,只有保证人类可以追踪机器人的行为和思考决策过程,才能获得在对机器人的监管过程中的主动权。2016年年底,电气电子工程师协会(IEEE)启动了人工智能伦理工程,并发布了《合伦理设计:利用人工智能和自主系统最大化人类福祉的愿景》,回应了人工智能发展要解决的算法歧视、人类福祉和建立信任等问题,为人工智能伦理提供了指引。2017年,来自全球的1 600多名人工智能技术专家和行业领袖于美国加利福尼亚联合签署了《阿西洛马人工智能准则》,其中第18条规定要避免使用人工智能自主武器,这是对人工智能发展威胁人类生命安全的有力回应。

2017年1月,欧洲议会法律事务委员会通过了《关于赋予未来高端人工智能体电子人身份的草案报告》,并向机器人民法规则委员会提出相关建议,目的是使得人工智能体将来能够为自己的行为负责,这在一定程度上回应了人工智能是否应该具备主体性地位。针对人工智能时代下隐私权侵权带来的挑战,欧盟于2016年4月通过了《通用数据保护条例》,并于2018年5月在欧盟成员国内开始实施。该条例被称为“史上最严的数据保护条例”。一方面,该条例充分保障数据主体所拥有的权利,包括对个人数据享有访问权、更正权、删除权与携带权等各项权利。另一方面,该条例对数据使用者对个人信息数据的收集、存储和处理都有着更加严格的规定,同时对个人敏感数据的处理分析采取了更加严格的规制。欧盟的《通用数据保护条例》在国际社会的影响力很大,为应对人工智能时代下隐私权侵权的挑战提供了创新性解决思路。2019年，欧盟发布了《关于可信赖人工智能的伦理原则》，该原则虽不具有法律效力，但是可以对人工智能的代理监督、技术安全、隐私管理、服务多样性、事故追责和社会福祉等众多问题给予倡议性指导。

（四）研究人员的回应

1942年，美国著名科幻小说家阿西莫夫在《我，机器人》这部短篇小说集的《环舞》中提出了著名的机器人三定律：机器人不得伤害人类个体，或者目睹人类个体将遭受危险而袖手旁观；机器人必须服从人给予它的命令，当该命令与第一定律冲突时例外；机器人在不违反第一、第二定律的情况下要尽可能保护自己的生存。1956年，麦卡锡等科学家在达特茅斯的第一次人工智能研讨会上，就提出了"人工智能帮助人们还是替换他们?"的议题[175]，可以说人工智能自产生之初就以其高度的人格仿真性引发了人们的伦理思考。人工智能之父，英国数学家、逻辑学家艾伦·图灵认为，尽管机器能够以最准确的方式执行所有的数学运算，但是机器仍然可能会出错，错误可能是由源数据的不足造成的，这引发了数据责任问题。20世纪60年代，控制论之父诺伯特·维纳论及机器错误的不可预测性，即便操作员熟知机器的工作原理，也可能没有时间意识到其推理会导致负面结果。20世纪70年代，休伯特·德雷福斯出版了《计算机不能做什么》，人工智能从此一蹶不振。1990年，J. E. Connellyt假设机器的情绪不仅会影响行动，而且能够在机器中形成道德行为，类似于人们的道德形成机制，这让道德编码成为可能。有关机器伦理的概念则源自2005年M. Anderson、S. L. Anderson、C. Armen撰写的"Towards machine ethics：Implementing two action-based ethical theories"一文。随着计算机和类脑神经网络的崛起，人工智能焕发了新的生命力，人工智能伦理的问题域呈现以下三个区间。前端——人机关系：日本学者石黑浩和浅田认为不存在机器人，所谓的机器人只是动物电子系统。科学家S. L. Shishkin则倾向于人工智能拟人化。英国学者N. Bostrom和E. Yudkowsky则提出了强人工智能对人的威胁和对资源的抢占。中间——道德编码：P. Lin、K. Abney、G. A. Bekey三位学者认为人机交互过程会产生最意想不到的道德问题，要在道德编码基础上进行广泛的道德教育和培训。俄罗斯学者阿列克耶夫认为算法的可验证性是决定AI道德程度的关键。后端——可责性:关于人工智能责任伦理的重大突破来自A. Graves、G. Wayne、I. Danihelka三位学者,他们在*Nature*上提出:已经有算法允许人工神经网络具有"记忆细胞"来保存中间状态,不必为人工智能再安装黑匣子来记录核心数据以完成归责。

国内关于人工智能伦理的研究比国外稍晚,但从新一代人工智能全面推进后,开始基本同步。人工智能伦理在国内引起广泛关注始于2009年,北京科技信息研究所的迟萌以看护机器人和军用机器人为例,指出科学家和工程师必须警惕和关注伦理问题。2013年,王东浩从学理的角度发表了研究机器人伦理的系列文章,梳理了人工智能伦理研究的热点。王韶源首先引入了瓦拉赫与艾伦的AMAs伦理设计思想,并对人工智能伦理研究的未来进行了展望。国内人工智能伦理研究也呈现了和国外趋同的三个分区。在人机关系方面,刘伟指出:"人工智能伦理研究不仅要考虑机器技术的高速发展,更要考虑交互主体——人类的思维与认知方式,让机器与人类各司其职,互相促进,这才是人工智能伦理研究的前景与趋势。"在道德编码方面,孙保学从算法伦理的三个维度论证了需要有伦理风险的"防火墙",王淑庆提出通过"抑制"和"忽略"实现人工智能的伦理控制——"有意不为"。在可责性方面,杜严勇提出应该明确机器人的设计者、生产商、使用者以及政府机构和各类组织的道德责任,用问责机制有效避免"有组织的不负责任"现象。在超越人类方面,学者们对人工智能全面超越人类这一挑战的普遍回应是人工智能不会全面超越人类,更不会取代人类。刘力源认为,具有知情意的人类所做的决策并不仅仅是知识的表达,还蕴含着很多情和意的因素,因此很难用一种算法来还原人类做决策的过程。[176]王晓阳认为,人工智能是否会超越人类智能这个问题没有认知意义,不能仅从经验科学的框架上得到有效解决。[177]钱铁云认为,计算机硬件可以达到人类智能的计算能力,但算法作为一种演绎推理能力的反映,不可能拥有与人类智能相当的形象思维和灵感思维。计算机系统的不完全性使得人工智能有一个不可超越的界限,并且由于受到资源的限制,对于组合问题仍然不可解。人工智能永远只能作为人类的工具而不能超越人类。[178]黄浩认为,受人工智能快速发展的影响,人们过分夸大了人工智能的潜力,我们不应盲目跟风和炒作,应该合理冷静地对人工智能的发展趋势做出理性预期。[179]窦畅宇等则关注到了人工智能发展与马克思主义经典理论的关系，并论证了马克思主义理论对人工智能伦理的指导作用。国内研究的亮点是以赵汀阳、张祥龙、何怀宏为代表的一批哲学家，从中国传统儒家文化、道教、佛教的世界观出发，对人工智能伦理加以论述，寻求更多元的解决方案。

国内外研究学者对人工智能是否应该具有主体性地位，给予了两种不同的回应。第一种回应认为，人工智能体是人类的工具，不应当具有主体性地位，人工智能造成的损害应视为工具造成的损害。否定人工智能主体性地位的原因有两点：一是人工智能尚不具备自我意识和情感，甚至不知道自身行为的目的和意义，只是一些可以运行的代码脚本而已；二是承认人工智能的主体性地位并无实际意义，人工智能事故的归责问题无法通过赋予人工智能主体性地位得到有效解决，甚至会为人工智能的设计者和制造者提供规避责任的途径。此外，反对赋予人工智能主体性地位的部分学者还认为，人们是否会允许雷·库兹韦尔预言的奇点来临还存在争议，讨论赋予人工智能主体性地位为时尚早。第二种回应认为，人工智能可以在一定条件下被赋予主体性地位，人工智能可以为自己的行为负责。是否满足相应条件要看人工智能是否具有自我意识，是否有认知自我行为的能力。有学者认为，人工智能在将来完全可以通过电子元器件来模拟人类大脑意识的形成过程，并且随着智能化水平的不断提高，人工智能必将经过不能为自己的行为负责到可以对特定行为负责再到可以对所有行为负责的过程。人工智能犯法造成社会危害后，虽然不能通过罚款和拘留来对其进行处罚，但是可以通过删除数据、修改程序和永久销毁等手段来对其进行处罚，当然，人工智能的设计者和使用者也应当承担一部分的监督责任。研究学者普遍认为，人工智能对人类就业究竟是起到正向作用还是反向作用，关键在于我们如何看待人工智能技术的进步以及采取什么样的措施去应对。[180]

二、人工智能伦理建构的国际背景

（一）各国人工智能伦理建构的比较

链接人工智能原则（Linking Artificial Intelligence Principles，LAIP）是一个

整合和分析来自世界各地的各个研究机构、企业和非营利组织的人工智能准则倡议平台。[181]可以通过 LAIP 平台获取对各国企业和组织出台的伦理准则的关键字分析,然后更进一步比较世界各国人工智能的伦理建构。

从表 5.1 中可以看出,首先,我国出台的人工智能伦理准则对人类福祉问题的关注程度最为突出,这与我国人民利益至上的国情相关,因此我国致力于通过人工智能技术最大限度地提高人民生活的质量。近年来,国内的智能扶贫、智能聊天机器人、智能医疗等智能应用的推广呼应了我国对人类福祉的密切关注。其次,我国出台的人工智能伦理准则还重点关注可控、安全和透明性设计,这体现了社会主义制度下人民在我国当家作主的主体性地位,着眼于重视人民安全和拒绝人工智能"黑箱",通过保持算法的透明性来保证人工智能的可控性。这也从侧面反映出企业要消除人们对人工智能的不信赖,还需做足够的努力。最后,我国对人工智能可责性的关注度较低,原因是目前人工智能应用大多属于弱人工智能的范畴,但随着人工智能的广泛应用和技术突破,还应尽快加强对人工智能可责性的研究。

表 5.1　中国的企业或组织出台的人工智能伦理准则关键字分析

企业或地区	福祉	合作	分享	公平	透明	隐私	安全	可控	可责
Beijing 2019	17	2	5	3	5	3	2	3	2
清华 2019	4	1	3	1	3	1	2	1	—
腾讯 2018	5	—	2	6	8	4	4	7	—
百度 2018	2	—	1	—	—	—	—	2	—
旷世 2019	1	—	—	3	1	2	4	2	3
总计	29	3	11	13	17	10	12	15	5

从表 5.2 中可以看出,首先,美国出台的人工智能伦理准则最关注的是人工智能的可控性,要求人工智能的发展必须在某种安全的框架内,这反映了人们对人工智能技术的某种忧虑。其次,美国重点关注的是公平、隐私、安全、福祉和可责性,这与美国式人权保护相契合。最后,美国较少关注人工智能合作、分享和透明性问题。

表 5.2 美国的企业或组织出台的人工智能伦理准则关键字分析

企业或地区	福祉	合作	分享	公平	透明	隐私	安全	可控	可责
Intel 2017	—	1	1	4	2	8	5	6	3
Google 2018	4	1	1	8	1	5	2	7	1
Microsoft 2018	—	—	—	1	1	2	2	2	2
IBM 2018	1	—	—	2	1	—	—	—	2
OpenAI 2018	4	2	1	—	—	—	1	8	—
总计	9	4	3	15	5	15	10	23	8

从表 5.3 中可以看出,英国和德国两个欧洲国家与中国、美国以及其他国家不同的是,比较关注人工智能的合作问题。日本、韩国作为亚洲中等发达经济体,更加关注人工智能的公平和透明性问题。加拿大对大多数问题的关注程度相近。

表 5.3 其他国家的企业或组织出台的人工智能伦理准则关键字分析

企业或地区	福祉	合作	分享	公平	透明	隐私	安全	可控	可责
DeepMind 2017	1	4	1	1	2	—	—	—	2
德国电信 2018	4	4	2	4	4	4	6	—	9
Sony 2018	3	1	—	2	2	2	2	1	1
Samsung 2019	—	—	1	3	3	1	1	—	2
Canada 2019	—	—	2	—	1	1	1	—	2
总计	8	9	6	10	12	8	10	1	16

(二)西方人工智能伦理建构的局限性

西方核心价值观引领的人工智能伦理建构起步较早,积累了丰富的研究成果,所以国内研究基本是按照西方人工智能伦理研究的基本问题和框架展开的,但伦理本身是基于某种价值观而形成的客观的、群体性的行为关系,首要的是价值属性问题。正如哈贝马斯所言:“科学技术不仅是生产力,也是意识形态。”[182]反思人工智能伦理的意识形态性,就要厘清西方人工智能伦理背后的价值观及其局限性。

梳理西方主导的人工智能伦理谱系,无论是学界还是应用层面,都能够清晰地显示出人对自身的关注和对合伦理开发的强烈渴望。但基于西方的社会制度、价值观、意识形态、文化传统，其人工智能伦理建构带有不可避免的局限性，无法完成将人工智能彻底融入人类社会秩序的任务。这也是西方民众长期以来对人工智能充满恐惧、悲观的重要根源。即便美国、英国、欧盟反复强调 AI 的“可信”，不断推出伦理宣言，但仍然无法从根本上消除社会广泛的反人工智能声音。

1. 个人本位下的“人机对立”

人类中心主义，作为西方近代伦理的基石，本质上是个人本位，正如斯宾诺莎所言：“绝对遵循德性而行，在我们看来，不是别的，即是在寻求自己利益的基础上，以理性为指导，而行动、生活，保持自我的存在(此三者意义相同)。”[183]人工智能伦理的建构同样发端于此。无论是阿西莫夫的“机器人不能伤害人类”，还是西方各国提出的人工智能伦理解决方案以及各类国际公约和原则，均秉承人类中心主义的思维。建立于个人主义之上的私有制经济决定了高额成本开发出的人工智能算法无法实现透明、共享和广泛用于公益项目。算法的不透明意味着研发的初始阶段存在监管缺失，可责性的障碍难以逾越。如果人工智能在基础面上不能免费地用于各类公益项目，不能为大多数人的利益服务，那么更高层次的伦理建构很难达成社会共识。这就形成了第一个人机对立的诱因——迫切的社会需要和安全需要与私人企业的垄断之间的矛盾。

基于个人本位的人工智能伦理在处理道德与利益的关系时，把个人利益排在价值优先级更高的位置，这在西方并非违背道德。按照个人本位的价值逻辑，在人工智能技术的应用中，个人利益与集体利益发生冲突时，人和人工智能良性竞争、同级价值层不同角色进行道德选择时，均倾向于个人利益，不可避免地会侵犯他人利益或者社会的公共利益。这就形成了第二个人机对立的诱因——个人利益绝对化与社会利益相对化之间的矛盾。鉴于以上两个矛盾，西方把本该由伦理解决的问题推给法律。激进派希望给予智能机器法律人格或者直接是电子人格，用法律主体之间的权利义务来定位人机关系，用法律的强保护给人带来安全感。保守派希望用古罗马法的奴隶关系来定位人机关系，把人类文明已经摒弃的不道德又引入人工智能这一决定人类未来的崭新领域，这在根本上无助于形成和谐的人机关系，本身代表的是文明的倒退和人类的不自信，在实践中被“文明社会”坚决抵制。这就形成了第三个人机对立的诱因——个人本位伦理的脆弱性与人工智能发展张力之间的矛盾。在人工智能这种颠覆性技术的面前,西方仍然坚守人类中心主义,强调个人价值和利益的最大化,人机对立本质上是西方个人与国家、社会对立的映射。西方对人工智能超越人类的担忧源于无法实现人机和谐共处的社会关系。

2. 道德过程的"时间断层"

西方伦理建构的总设计师康德认为:道德是"理性"主体通过"自由意志"实现每个人为自己立法,形成最高的道德律。康德所谓的"理性",并不单指地球上的人类的性质,而是指任何有理性者的一般本性。人工智能作为已经具备"理性"和部分"自由意志"的主体,同样适用康德的伦理原则,但康德的"绝对理性"是至高道德理想,是西方追求的"彼岸",在实践中缺少实现路径。这就产生了第一个"时间断层"——理论与实践的脱节,应然与实然的脱节,道德原则难以被道德践行。

正如人类通过学习、社会交往等方式习得道德、法律规范和价值,并自律遵守,机器伦理也应达到同样的效果。通过伦理标准的设定、执行、检测检验等,旨在以事前的方式让智能机器的自主决策行为尊重人类社会的各种规范和价值,并最大化人类的整体利益。然而,将伦理嵌入人工智能系统是远远不够的,还需要像人类的其他行为一样,设定一套外在的监督和奖惩机制,政府和社会共同参与,以事中或者事后的方式对人工智能系统的行为进行推动、监督、审查和反馈。但西方的人工智能伦理建构受功利主义左右,将关注点放在事前的"道德编码""伦理嵌入"上,试图掩盖外显的道德失范,减少舆论对人工智能投资、研发企业的攻击,目的是为私营企业的研发、盈利扫除舆论障碍,对于离核心利益较远的事中和事后关注不够,所以出现了第二个"时间断层"——事前、事中和事后之间的脱节。

人工智能伦理的目标不应是静态的,不应停留在技术环节实现伦理数字化,而应是贯穿于人工智能融入现有社会秩序全过程的动态目标,包括人与人关系的重新定位。西方已意识到,随着人工智能大规模替代人力劳动,基于社会化大生产形成的分工协作关系被进一步离散,人对他人的重要意义随之下降,人对他人失去兴趣,人对机器的过分依赖会导致人与人关系的异化、自我价值和追求的迷失。人工智能应用产生的心理危机与西方已有的精神危机耦合,这就出现了第三个"时间断层"——西方价值观的民主、自由、宪政、"普世价值"、公民社会等,均是对“当下”的指引,而不是对“未来”的指引。人逐步从劳动中解放出来之后,人的价值何在?第三个“时间断层”在于后人工智能时代的价值虚无。

3. 单一维度下的“多值逻辑”

西方人工智能伦理的建构围绕着人工智能研发企业与社会成员之间的关系展开,试图调节人工智能无限发展与个人利益之间的矛盾,将重心放在社会维度。但人工智能对人类的改变是全方位的,包括个人发展、家庭关系、社会关系以至国家关系、意识形态。从经济而言,人工智能降低了经济中对生产资料的依赖,改变了经济发展模式,开启了新一轮产业革命。从政治而言,政府进一步数据化、透明化,治理模式随着智能化而调整。人工智能还增强了非国家行为体的“数据权力”,形成了新的政治力量。从安全而言,人工智能大规模地收集和处理数据,已经对国家安全、人身安全、财产安全和隐私安全构成了威胁。人工智能伦理建构涉及多利益相关方,是立体的、多维度的伦理生态系统,而不应仅仅停留在社会维度。

人工智能伦理的一个重要使命是通过价值排序解决人工智能创建和应用全过程中的道德冲突。一是对抗性冲突,如人工智能与个人隐私之间的冲突。二是同一道德价值体系内,不同道德要求在特定情景下的冲突,分为不同价值层次的冲突和同一价值层次内不同角色主体的冲突。自动驾驶汽车发生交通事故时是物优先还是人优先的问题属于前者;如果不可避免地发生人身伤害,是多数人的生命优先还是少数人的生命优先,是驾驶员的生命优先还是行人的生命优先则属于后者。所以人工智能伦理的道德编码必须遵循“多值逻辑”,并在一定的机制机理下实现价值对接。在单一维度的价值对接中,家庭、集体、国家、人类共同体这些极其重要的影响因子无法被多值逻辑关联并形成统一的价值链。

在人工智能伦理焦灼的可责性问题上,西方国家普遍强调的是算法透明、可追溯、可解释,从根本上是为实现责任审查和鉴定。这种形式的“责任伦理是一种‘事故伦理’,主要考虑的情景是事故后如何指控和赔偿,而不是谁要负责某件事的正确进行。现代技术社会中的责任,应该更偏向让谁来完成某件事,而不是让谁为某件事未能按预期完成而负责任”。显然“谁来完成某事”不是市场经济主体能够自发合理分工的,需要在整个国家大的治理环境下进行权衡,除社会维度外,只有家庭维度和国家维度进入多值逻辑的视域,才能在根本上保障"负责某事正确进行"的道德选择能够实现。

三、社会主义核心价值观引领人工智能伦理建构

(一)社会主义核心价值观引领人工智能伦理建构的必然

每个社会都有其自身的核心价值。"核心价值观是一定社会形态、社会性质的集中体现,在社会思想观念体系中处于主导地位,决定着社会制度、社会运行的基本原则,制约着社会发展的基本方向。"[184] 人工智能伦理建构在伦理层面是探求智能理想的存在方式,在道德层面是实现应然与实然的统一,在实践层面是探寻多方和谐共处的模式,只有在社会主义核心价值观的引领下,才能最终形成伦理、道德和实践的统一。

1. 社会主义核心价值观与人工智能伦理的价值统一

"马克思主义伦理学认为,正确理解的利益是道德的基础。因此,在伦理学中对道德意识和道德行为的价值目标的理解总是同对利益的理解相联系的。"[185] 社会主义核心价值观坚持以人为本,尊重人民的主体地位。无论是国家的富强,还是社会的平等、公正,目的都是实现最广大人民的根本利益。社会主义核心价值观继承了优秀传统文化,崇尚"家国同构"的治理模式、"天人合一"的相处方式,个人、社会、国家三者的利益相统一。《新一代人工智能发展规划》把人工智能发展的首要目标设定为服务于全社会:"人工智能技术应用成为改善民生的新途径,有力支撑进入创新型国家行列和实现全面建成小康社会的奋斗目标。"这就有效解决了个人利益与集体利益、垄断企业与社会的冲突。在人工智能超越人类智能的问题上,坚持马克思主义物为人存在的观点:尚未被认识的"自在之物"终将会转化为"为我之物"。这大大缓解了社会对智能超越人类的恐慌。社会主义核心价值观还确保了在同一价值层面,不同角色的道德选择能够综合考量个人、家庭、社会、国家等多个层面的利益关系,而不是绝对的利己主义,这就为人工智能伦理建构在突发环境下的智能决策提供了价值参考,规避了西方价值观二元对立传统引

发的人机关系紧张。

2. 社会主义核心价值观与人工智能伦理建构的“时间”重合

列宁认为:“实践高于(理论的)认识,因为它不仅具有普遍性的品格,而且还具有直接现实性的品格。”[186]人工智能伦理建构恰恰是理论与实践的双重建构。从机器与环境之间的关系来看,如果社会成员缺少“内化于心”“外化于行”的道德自律,即便是合伦理设计也可能在应用中偏离动态伦理目标。社会主义核心价值观具有强大的践行支撑体系,包括社会的普遍共识、国家机器支撑、经济基础支撑、理论支撑、制度和政策支撑,从而能够形成道德“自律”和“他律”的闭环,在气正风清的环境中完成人工智能的“道德塑性”。

社会主义核心价值观不仅引领“事前”的道德算法创建,还引领人工智能的应用和发展、社会道德风尚的整体提高。与只关注“事前”相比,社会主义核心价值观是全社会、全行业、全过程的精神引领,这与人工智能伦理建构的“事前”“事中”“事后”的过程相吻合。关于西方价值观无力引领的“后人工智能时代”,社会主义核心价值观坚持马克思主义对个人发展阶段的划分,在智能代替人的劳动,人逐步摆脱对物的依赖后,人的全面发展理论必将引领每个人的自由全面发展,从而实现社会进步。

3. 社会主义核心价值观与人工智能伦理建构的维度契合

习近平总书记指出:“核心价值观,其实就是一种德,既是个人的德,也是一种大德,就是国家的德、社会的德。”[187]社会主义核心价值观就是从个人、社会、国家三个维度将德行和德治统一起来。从个人维度而言,良好的社会秩序能够最大限度地激发个人的爱国情绪,使个人认真履行对家庭、社会的责任。从社会维度而言,对美好社会秩序的价值诉求是实现国家富强、公民信守道德价值规范的源动力。从国家维度而言,稳固的社会基础能够不断增强国家的合法性,国家将长治久安的收益进一步转化成人民群众的获得感。个人维度的指向对应人工智能的道德哲学,不仅智能机器需要自适应学习,人同样希望找到与人工智能在家庭和社会中的相处方式。社会维度的指向是人工智能的算法伦理、设计伦理、社会伦理,确保人工智能精准实现人类价值。国家维度的指向是国家伦理,推动以可持续发展为中心的智能化,涉及全面提升社会生产力、综合国力。同时国家伦理还着眼于最大限度地降低风险，确保人工智能安全、可靠地发展。社会主义核心价值观多层次、多维度地发挥对人工智能伦理建构的引领作用，对人、智能体、环境的关系进行多维建构，为人工智能伦理的“多值逻辑”提供基于系统观的解决方案。

（二）社会主义核心价值观引领人工智能伦理建构的实施路径

1. 社会主义核心价值观引领建构和谐的“人机关系”

党的十八大提出：“倡导富强、民主、文明、和谐，倡导自由、平等、公正、法治，倡导爱国、敬业、诚信、友善，积极培育和践行社会主义核心价值观。”[188]“敬业”是个人从业的重要价值准则，是工作伦理和职业道德，表现为对工作中的责任、义务怀有敬畏之心，也是爱国的具体体现。在人工智能的创建过程中，研发人员首先要具备职业要求的专业素质、埋头苦干的精神，加紧实现人工智能关键技术的突破。“诚信”是德性伦理与规范伦理的统一，也是人机协同的起点。人工智能算法的不透明和不可解释，意味着在研发阶段无法实质监管，研发人员应恪守行业自律，尊重公德，不擅自创建有违伦理、反人类、反社会的程序。此外，在社会广泛将人工智能用于救灾、医疗、教育、司法等领域时，受众在技术严重不对称的情况下，无从知悉人工智能可能存在的侵权行为，这就要求提供人工智能产品和服务的企业、政府机构、社会组织或者个人，要诚敬严肃地提示人工智能风险，同时最大限度地完善容错机制和救济手段。“友善”是互相尊重和包容的价值基础。社会主义核心价值观所汲取的中华优秀传统文化素有“敬天惜物”的格局，“万事万物”以“道”生，以“德”处，从未排斥物的德性，也从未强调人对物的主宰，这与西方价值哲学的起点“人是万物的尺度”有着本质区别。在中国的传统价值中，对物的道德驯化是人类的进步，而不是人类主体性的丧失。“物伦理就要求把智能机器等人工物看作道德主体，并从社会系统的整体道德分配角度来思考智能机器的伦理问题。”[189]人和人工智能的关系不能简单地看作生产者和产品的关系，也不能无底线地等同于人与人的关系，而应是教化和被教化的关系。人与人工智能的和谐共处，既是人和人工智能保持安全距离的理想状态，也是人对自身尊严的捍卫。

2. 社会主义核心价值观引领人工智能融入社会治理体系

马克思主义认为:“只有在共同体中,个人才能获得全面发展其才能的手段,也就是说,只有在共同体中才可能有个人自由。”[190]社会主义核心价值观的“自由”被放在了社会框架下,进一步明确了“自由”不是从抽象人格出发的“绝对自由”,而是指在社会关系范畴中个人在不伤害、不妨碍他人的情况下所拥有的自由,并且社会为个人全面发展的自由提供保障。人工智能已经具备了一定的自主性,不能等同于完全被动参与社会活动的普通商品和服务。为了确保安全性,人工智能的研发、销售和使用不能“绝对自由”,对非单一功能的机器人和超级智能的开发要有严格的许可标准和市场准入条件,进行项目登记、注册,建立项目跟踪记录机制,在批准的范围内研发和使用。第三方不能对完整的人工智能产品进行二次开发,加装新的智能或者进行违背伦理的改造。社会主义的“平等”之所以不同于西方“法律上的平等”,是因为解决了平等的前提:“生产资料的全国性集中将成为由自由平等的生产者各联合体所构成的社会的全国性的基础,这些生产者按照共同的合理的计划进行社会劳动。”[191]这保证了人工智能的发展成果能够普惠社会成员。更加智能的工作方式和生活方式可以普遍增进民生福祉。“公正”是基于自由和平等而形成的价值取向,具有“元价值”的意义,是社会认同的基础,保障平等和自由的实现。社会主义核心价值观引领的人工智能伦理建构所遵循的公正在于:避免人工智能成为少数技术垄断企业赚取超额利润的工具,避免对特定群体或个人的偏见歧视,避免将弱势人群置于更为不利的地位。“法治”与人工智能伦理建构相互促进、相得益彰。习近平总书记强调:“要把道德要求贯彻到法治建设中。以法治承载道德理念,道德才有可靠制度支撑。法律法规要树立鲜明道德导向,弘扬美德义行,立法、执法、司法都要体现社会主义道德要求,都要把社会主义核心价值观贯穿其中,使社会主义法治成为良法善治。”[192]一方面,社会主义核心价值观引领重要伦理原则入法,起到硬约束的作用;另一方面,加强人工智能在司法中的应用,让“智慧司法”辅助司法公正,才能让公正更好地守住最后一道防线。

中国人工智能伦理在社会治理方面的优越性体现为促和谐、保民生、谋发展和广泛的社会共识。习近平总书记多次指出治理与和谐之间的关系:“加强和创新社会治理，根本目的是维护社会秩序、促进社会和谐、保障人民安居乐业，营造稳定安全的发展环境。”[193]可见，社会治理的社会化、法律化、智能化、专业化归根结底要围绕“和谐”进行。人、机、社会的和谐才能最大限度地发挥人的能动性和智能机器的效用。未来国际人工智能竞争的核心并不是技术的上限，而是人工智能和社会发展的匹配度。在这次全球新冠肺炎流行的大考中，中国在疫情防控中的人工智能应用迅速增长，从远程医疗、机器人消毒、量体温、送餐到人脸识别、健康宝等，作为行之有效的防控措施，得到了社区居民的积极响应和理解，达成了广泛的社会共识，充分显示了中国社会治理创新的和谐意蕴。

3. 社会主义核心价值观引领人工智能伦理融入国家伦理共同体

国家伦理是国家价值观和国家责任的道德基础。在国家伦理中，“富强”占据核心地位，人工智能的迅猛发展必然会推动国家的发展和富强，赋能乡村振兴和共同富裕。国家在人工智能研发和应用的过程中不是扮演“守夜人”的被动角色，而是领路人和裁判员。一方面，在悄然展开的全球人工智能竞赛中，要超越西方自由市场经济以企业自发投入和研究为核心的发展模式，拓展新的发展思路，实施宏观调控和市场调节相结合的战略，加大对人工智能的规划、布局和支持；另一方面，通过明确的价值准则、统一的伦理规范和透明的监管程序，将某些算法和数据归国家所有，以增加透明度、安全性。加快科技伦理审查制度的建立，完善和健全治理机制，做到事前审批、事中监督和事后跟踪。关于人工智能怎么做、怎么用、怎么管的问题，要充分发扬民主，不仅要征求国内行业领袖、技术专家、学者和广大人民群众的意见，也要聆听国际社会的声音，特别是在个性化道德选择层面，大多数人的价值优先级设定在哪个区间，对人工智能的道德编码至关重要。广泛建立在民主基础上的人工智能伦理建构具有稳固的群众基础，有利于标准的推广，能够发挥规模示范效应。人工智能的创建代表国家的物质文明，而人工智能的使用则彰显国家的精神文明。在新发展理念的促进下，国家统筹全社会资源大力发展人工智能，目的是将社会主义物质文明和精神文明推向新高度，解决人民日益增长的美好生活需要和不平衡不充分的发展之间的矛盾。

人工智能替代了一部分劳动和行业，它引领的先进生产力改变了社会经济的增长方式，直接催生了新岗位、新职业和新机遇。中国特色社会主义的优越性正是根据生产力的发展，不断调整生产关系，使其适应生产力的发展。2020 年，人社部新增了 16 个职业，包括智能制造、工业互联网、虚拟现实工程技术人员等。新职业使原有的就业体系和格局发生了显著变化，使大学生就业逐步转入高质量发展的轨道。大学生关注的焦点不应是被人工智能抢走的“饭碗”，而是要转向新的职业需求，进一步发挥主观能动性，建立终身学习的素养，应对日新月异的社会生活，利用智能应用的契机，按照新兴职业和岗位的要求丰富个人的知识结构，提升个人发展和社会发展的契合度，开拓更广阔的就业空间。

人工智能的加速发展呈现了深度学习、跨界融合、人机协同、群智开放、自主操控等新特征，正在对经济发展、社会进步、国际政治经济格局等方面产生重大而深远的影响。有学者指出：“随着公民被赋予更多权利，社会分裂和两极分化愈加严重，政治体系将随之改变，使得政府治理难度增加，政府工作效率变低。”[194]针对人工智能技术迭代快的特点以及广泛的社会影响，人工智能伦理的治理方式应进行相应的改革。

首先，由准则治理向敏捷治理＋准则治理转变。清华大学人工智能国际治理研究院院长薛澜指出：“人工智能治理的核心要素中基本价值观、治理体系、参与者、治理对象以及效果评价五个方面至关重要。”很多治理问题可以通过技术本身来解决。人工智能发展面临的最大挑战是人工智能技术发展太快，而治理准则作为一种社会体系，其发展有其程序，又是缓慢的，因此，我们需要敏捷治理。传统的准则治理和立法治理相对滞后，人工智能伦理中的很大一部分问题属于软件治理，应软件治理产生的敏捷治理也适用于人工智能伦理。“敏捷”最初是指通过设计最小的可行性产品，强调更快、更灵活、更具迭代性的理念。敏捷治理则包括“快捷”“灵敏”与“协调”三个层次的理论构建。一方面，通过开放与纠偏，评价、监管、问责规范化，加强治理的智能化，通过与企业、行业协会、研究机构、高校、社会基层组织的合作与协同，精准、灵敏地产生行业规范，如人工智能应用必须公示技术使用的简单逻辑、可能存在的风险和承担风险的责任分配、技术标准、伦理标准、个人自律声明等，进行与时俱进的治理；另一方面，将人工智能伦理的根本性问题准立法化或者在原有法律的司法解释中加入监管内容。在敏捷治理＋准立法的视域下，需要机制的有效规范、智能的高度融入和政产学的动态协同三者叠加，形成合力。

其次，由中心化治理向中心化治理＋分布式治理转变。治理的本意是按照事物本身自有的规律进行理顺，通常采用的方式是中心化治理，这与我国的行政体系和行政程序一脉相承。人工智能技术具有去中心化、分布式的特点，因此，对人工智能的监管和治理应采取中心化治理与分布式治理相结合的方式。中心化治理是维护现有秩序的关键，能够自上而下地传导政府决策，通过权威性提升执行力和执行保障，分布式治理的“智能合约”是监管部门与人工智能参与主体之间的治理契约，自下而上地释放业界创新活力。中心化治理与分布式治理的结合既能保证治理效果，又能最大限度地调动企业的积极性。

4. 人工智能伦理的国际话语权构建

人工智能伦理建构不是一国、一隅的问题，其具有鲜明的全球问题属性，是全球治理的一部分。中国不仅需要提出自己的人工智能伦理准则，更需要在全球治理中拿出中国方案，将技术优势转化成话语优势，引领全球治理。正如习近平总书记指出的：“我们从来不排斥任何有利于中国发展进步的他国国家治理经验，而是坚持以我为主、为我所用，去其糟粕、取其精华。”[195]要实现人工智能伦理动机与效果的统一，就必须加强全球合作。鉴于人工智能技术在全球应用过程中兼具创造性和破坏性，2021 年 11 月，由 193 个成员国参与的《人工智能伦理问题建议书》[196]（以下简称《建议书》）获得通过，《建议书》鼓励所有成员国考虑增设独立的人工智能伦理官员或其他相关机制，以监督审计和持续监测应用该技术带来的影响。《建议书》还倡导“协同共治”的路径选择。诸如人脸识别、自动化决策、社会评分等人工智能应用带来的伦理挑战不可能仅通过禁止使用来解决，而是要将基于多边共识的伦理标准贯穿于人工智能系统设计、研发、部署、使用的全部过程，并适配相应的治理规则和手段，实现防患于未然。与此同时，人工智能治理单靠政府或政府间合作并不能有效实现，而是要依靠整个技术生态系统中的多方深度协同。政府、跨国企业、用户、国际学术界、国际媒体等利益相关方都需要担负起相应的责任，开展全流程协同共治。中国参与人工智能的全球治理需要注意以下方面。

第一，从社会主义核心价值观的国际维度切入。人工智能伦理的建构需要个人、社会、国家、国际四个维度进行价值判断和统一，这是人工智能为人类服务、和人类和谐相处的必由之路。国际维度是社会主义核心价值观的隐含维度，富强、民主、文明、和谐的中国必将为国际社会的发展做出更多的贡献，社会主义核心价值观所倡导的社会道德和公民道德也必将为全球问题的解决提供新的伦理路径和价值导引。社会主义核心价值观引领的人工智能伦理建构根植于中国特色社会主义建设的实践，继承了中华优秀传统文化中的伦理思想，与人类命运共同体的理念一脉相承，打破了西方主导价值观的局限性，是对国际社会技术发展的价值贡献。面对西方的话语权垄断和国际话语霸权，我们应当也必须积极争取中国在国际社会中的话语权，向世界讲清楚中华优秀传统文化的价值真谛和当代中国的价值根源，让外部世界看到一个真实的、清晰的中国图式，看到中国人民坚持中国特色社会主义道路和坚守自己的核心价值观的客观必然性。在中西意识形态的对话中，要拿出“大胆假设、小心求证”的科学态度，论证社会主义核心价值观引领的人工智能伦理建构对人类社会的贡献，通过中国特色社会主义道路自信、理论自信、制度自信、文化自信，扫除意识形态偏见，使国际社会正确认识社会主义核心价值观引领的人工智能伦理建构对全人类福祉的增进作用。

第二，从国家治理与全球治理的共融展开。“一个国家选择什么样的国家制度和国家治理体系，是这个国家的历史文化、社会性质、经济发展水平决定的。”[197]人工智能伦理作为科技伦理的一部分，是国家治理的内容，必然受国家的历史文化、社会性质和经济发展水平决定，所以人工智能伦理也呈现出不同的治理模式。中国可以充分借鉴其他国家的人工智能伦理的治理经验，同时发挥伦理大国的广泛社会基础，吸收中华优秀传统文化，建构国家主导、企业自律、社会广泛参与的治理模式，使人工智能伦理在实践中完善，勾勒出体现中国特色和中国气象的人工智能伦理路线图。目前已经有数十个国家制定了人工智能发展战略或者计划，数以百计的国家主动或被动地应用了人工智能技术，人工智能作为人类社会整体要面对的新课题，发展的新机遇，需要整个国际社会的共同参与、共同治理，在技术透明、治理原则、发展边界、应用领域和法律规制等方面进行整体协调。这就意味着人工智能伦理不仅是社会治理、国家治理的一部分，而且是全球治理的重要组成部分。人工智能伦理建构体现了对国家治理和全球治理共融的整体治理观需求。“整体治理观体现为认知治理的三个统一，即价值理性与工具理性的统一、规范诉求与实践诉求的统一、国内治理与国际治理（或国家治理与全球治理）的统一。”[198]作为人类命运共同体的一员，作为正在走向国际舞台中央的大国，作为人工智能的技术大国，中国用自己的话语体系在全球治理中鲜明地表达价值观，提出具有中国特色同时又代表人类共同利益的人工智能伦理原则。社会主义核心价值观引领人工智能伦理从国家治理走向全球治理，从根本上改变现有人工智能伦理建构中偏重工具理性和实践性，模糊价值性和规范性，偏重西方国家内部的区域治理，而忽略其他国家国内治理的倾向，为人工智能的健康发展开辟了道路。

第三，以多边、多元的合作机制为载体。中国始终坚定不移地推动人工智能服务于全人类福祉。习近平致信祝贺2018世界人工智能大会开幕时就曾强调："新一代人工智能正在全球范围内蓬勃兴起，为经济社会发展注入了新动能，正在深刻改变人们的生产生活方式。把握好这一发展机遇，处理好人工智能在法律、安全、就业、道德伦理和政府治理等方面提出的新课题，需要各国深化合作、共同探讨。中国愿在人工智能领域与各国共推发展、共护安全、共享成果。”[199]而道德伦理成果的国际共享正是题中之义。加之中国自古就有家庭伦理延伸到社会治理的特点，有着丰富的以德治国经验，所以和关键技术层面的西方围堵不同，国际社会期待中国在人工智能伦理建构中提供更有价值的解决方案。欧盟以及英、美、俄、日、阿联酋等国都正在通过已有的国际多边框架提出宣言、倡议、公约等加大AI话语权，中国应利用现有的“一带一路”倡议、二十国集团、亚太经合组织、上海合作组织、金砖国家合作机制、东盟、海合会、亚信会议、亚欧会议、亚洲合作对话、大湄公河次区域经济合作、中亚区域经济合作等多边合作机制，积极展开人工智能伦理的讨论、磋商和基础框架搭建。以国家多边合作机制为载体，充分发挥国家科技伦理委员会的核心作用，把技术优势转变成话语优势，在提出技术标准的同时，提出法律、道德、伦理方面的国际倡议，发挥全球AI领袖应有的责任和影响力。

社会主义核心价值观对人工智能伦理建构的引领是中国参与全球治理的重要议程,也彰显了“四个自信”的有机统一。在创新作为社会发展核心要素的大背景下,中国特色的人工智能伦理解决方案是在社会主义核心价值观的引领下,将人工智能融入社会和国家治理体系,营造包容共享、公平有序的发展环境,形成安全可靠、合理可责、人机和谐的可持续发展模式,弥合科技与人文的撕裂,使人工智能驶入通往人类命运共同体的道德高速公路,用中国智慧赋能全球治理。

参考文献

[1] 新一代人工智能发展规划[EB/OL].(2017-07-20)[2020-01-15]. http://www.gov.cn/home/2017-07/20/content_5212053.htm.

[2] 张可.人工智能技术发展对人的主体性影响研究[D].重庆:西南政法大学,2019.

[3] 蔡元培.中国伦理学史[M].北京:商务印书馆,2010:52.

[4] 郭湛.主体性哲学[M].北京:中国人民大学出版社,2010:23.

[5] 李能.人工智能对人的主体性影响研究[D].贵阳:贵州师范大学,2017.

[6] 徐瑞萍,向娟,戚潇.重塑:人工智能与智能生活[M].北京:北京邮电大学出版社,2020:175-179.

[7] 王大顺.马克思主义视角下"人工智能"技术变革对就业的影响研究[D].南京:南京财经大学,2018.

[8] 苏晓露.人工智能时代隐私权保护的法理学分析[D].石家庄:河北师范大学,2019.

[9] 尹敏.人工智能应用中的隐私保护问题研究[D].济南:山东科技大学,2020.

[10] 李伦,李波.大数据时代信息价值开发的伦理问题[J].伦理学研究,2017(5):100-104.

[11] 《Я всех ненавижу》: чат-бот от Microsoft всего за сутки стал расистом и мизантропом[EB/OL].(2016-03-28)[2020-09-27]. https://russian.rt.

com/article/155810.

[12] 甘绍平.机器人怎么可能拥有权利[J].伦理学研究,2017(3):126-130.

[13] 宁春勇.人工智能能否超越人类智能[D].开封:河南大学,2007.

[14] 台场时生.人工智能超越人类[M].王强,译.北京:机械工业出版社,2018:115.

[15] 成素梅.人工智能的哲学问题[M].上海:上海人民出版社,2019:18-28.

[16] 程时伟.人机交互概论:从理论到应用[M].杭州:浙江大学出版社,2018:119-130.

[17] 博斯特罗姆.超级智能:开发完整的人工智能可能导致人类灭亡[EB/OL].(2017-03-29)[2022-04-06].https://www.xianjichina.com/news/details_30897.html.

[18] 海德格尔.海德格尔文集:林中路[M].孙周兴,王庆节,译.北京:商务印书馆,2015:114.

[19] 中共中央马克思恩格斯列宁斯大林著作编译局.马克思恩格斯选集:第三卷[M].北京:人民出版社,2012:471.

[20] 中共中央马克思恩格斯列宁斯大林著作编译局.马克思恩格斯选集:第一卷[M].北京:人民出版社,2012:135.

[21] 中共中央马克思恩格斯列宁斯大林著作编译局.马克思恩格斯文集:第九卷[M].北京:人民出版社,2009:38-39.

[22] 中共中央马克思恩格斯列宁斯大林著作编译局.马克思恩格斯选集:第一卷[M].北京:人民出版社,2012:875.

[23] 中共中央马克思恩格斯列宁斯大林著作编译局.马克思恩格斯选集:第一卷[M].北京:人民出版社,2012:56.

[24] 泰格马克.生命3.0[M].汪婕舒,译.杭州:浙江教育出版社,2018:86.

[25] 中共中央马克思恩格斯列宁斯大林著作编译局.马克思恩格斯全集:第十九卷[M].北京:人民出版社,1965:405.

[26] 中共中央马克思恩格斯列宁斯大林著作编译局.马克思恩格斯选集:第一卷[M].北京:人民出版社,1995:344.

[27] 马克思.资本论[M].何小禾,译.重庆:重庆出版社,2014:34.

[28] 李东东.从信息维度解释生产劳动[J].西安交通大学学报(社会科学版),2013,33(2):78-80.

[29] 中共中央马克思恩格斯列宁斯大林著作编译局.马克思恩格斯选集:第二卷[M].北京:人民出版社,2012:216.

[30] 中共中央马克思恩格斯列宁斯大林著作编译局.马克思恩格斯选集:第二卷[M].北京:人民出版社,2012:218.

[31] 中共中央马克思恩格斯列宁斯大林著作编译局.马克思恩格斯选集:第二卷[M].北京:人民出版社,2012:773.

[32] 中共中央马克思恩格斯列宁斯大林著作编译局.马克思恩格斯文集:第八卷[M].北京:人民出版社,2009:197-198.

[33] 陈思宇.人工智能时代劳动力供给问题研究[D].大连:辽宁师范大学,2021.

[34] 谢建功.人工智能等新技术对劳动力就业影响及政府对策研究[D].上海:上海交通大学,2019.

[35] 张爱丹.人工智能时代就业问题的伦理思考[D].武汉:华中科技大学,2019.

[36] 中共中央马克思恩格斯列宁斯大林著作编译局.马克思恩格斯文集:第八卷[M].北京:人民出版社,2009:52.

[37] 中共中央马克思恩格斯列宁斯大林著作编译局.自然辩证法[M].北京:人民出版社,2018:98.

[38] 中共中央马克思恩格斯列宁斯大林著作编译局.马克思恩格斯文集:第九卷[M].北京:人民出版社,2009:560-561.

[39] 中共中央马克思恩格斯列宁斯大林著作编译局.马克思恩格斯文集:第三卷[M].北京:人民出版社,2009:204.

[40] 中共中央马克思恩格斯列宁斯大林著作编译局.马克思恩格斯文集:第九卷[M].北京:人民出版社,2009:120.

[41] 中共中央马克思恩格斯列宁斯大林著作编译局.摩尔和将军[M].北京:人

民出版社,1982:89.

[42] 胡良沛.转变观念:走出人工智能威胁论的误区[J].河南科技大学学报,2021,39(1):2-8.

[43] 中共中央马克思恩格斯列宁斯大林著作编译局.自然辩证法[M].北京:人民出版社,2018:42.

[44] 中共中央马克思恩格斯列宁斯大林著作编译局.马克思恩格斯选集:第三卷[M].北京:人民出版社,2009:869.

[45] 肖广岭.《自然辩证法》导读[M].北京:中国民主法制出版社,2012:50.

[46] 维特根斯坦.哲学研究[M].陈嘉映,译.北京:商务印书馆,2019:46.

[47] Ren X. Rethinking the relationship between humans and computers[J]. Computer,2016,49(8):104-108.

[48] 中共中央马克思恩格斯列宁斯大林著作编译局.马克思恩格斯选集:第三卷[M].北京:人民出版社,2009:875.

[49] 中共中央马克思恩格斯列宁斯大林著作编译局.自然辩证法[M].北京:人民出版社,2018:52.

[50] 中共中央马克思恩格斯列宁斯大林著作编译局.自然辩证法[M].北京:人民出版社,2018:105.

[51] 中共中央马克思恩格斯列宁斯大林著作编译局.自然辩证法[M].北京:人民出版社,2018:116.

[52] 中共中央马克思恩格斯列宁斯大林著作编译局.自然辩证法[M].北京:人民出版社,2018:118.

[53] 马斯克要"人脑与电脑共生",这就有点吓人了……[EB/OL].(2019-07-19)[2020-12-05]. https://www.sohu.com/a/327853697_419342? scm=1002.46005d.16b016c016f.PC_ARTCLE_REC_OPT.

[54] 史蒂芬,丹尼.人工智能[M].林赐,译.北京:人民邮电出版社,2019:292-330.

[55] 中共中央马克思恩格斯列宁斯大林著作编译局.自然辩证法[M].北京:人民出版社,2018:103.

[56] "Liquid" machine-learning system adapts to changing conditions[EB/OL]. (2021-01-28)[2022-01-20] https://news. mit. edu/2021/machine-learning-adapts-0128.

[57] 中共中央马克思恩格斯列宁斯大林著作编译局. 自然辩证法[M]. 北京:人民出版社,2018:91.

[58] 中共中央马克思恩格斯列宁斯大林著作编译局. 自然辩证法[M]. 北京:人民出版社,2018:94-95.

[59] 泰格马克. 生命 3.0[M]. 汪婕舒,译. 杭州:浙江教育出版社,2018:133.

[60] 中共中央马克思恩格斯列宁斯大林著作编译局. 自然辩证法[M]. 北京:人民出版社,2018:129.

[61] Wiener N. Some moral and technical consequences of automation[J]. Science,1960,131(3410):1355-1358.

[62] 中共中央马克思恩格斯列宁斯大林著作编译局. 自然辩证法[M]. 北京:人民出版社,2018:98.

[63] 张岱年. 中国哲学大纲[M]. 北京:中国社会科学出版社,1982:528.

[64] 斯宾诺莎. 伦理学[M]. 贺麟,译. 北京:商务印书馆,2019:2.

[65] 爱因斯坦. 爱因斯坦文集:第三卷[M]. 许良英,译. 北京:商务印书馆,2010:325.

[66] 胡适. 中国哲学史大纲[M]. 北京:北京大学出版社,2013:175.

[67] 谭戒甫. 墨辩发微[M]. 武汉:武汉大学出版社,2006:72.

[68] 孙中原. 中国逻辑研究[M]. 北京:商务印书馆,2006:310.

[69] 邢兆良. 墨子评传[M]. 南京:南京大学出版社,1993:160.

[70] 李巍. 作为伦理主张的墨子"知类"说[J]. 人文杂志,2011(4):69.

[71] 道德经[M]. 张景,张松辉,译注. 北京:中华书局,2021:71.

[72] 蔡元培. 中国伦理学史[M]. 北京:商务印书馆,2010:38.

[73] 中共中央马克思恩格斯列宁斯大林著作编译局. 自然辩证法[M]. 北京:人民出版社,2018:75.

[74] 道德经[M]. 张景,张松辉,译注. 北京:中华书局,2021:300.

[75] 荀子[M]. 方勇，李波，译注. 北京：中华书局，2021:358.

[76] 孙诒让. 墨子间诂[M]. 北京：中华书局，2017:309.

[77] 陈高傭. 墨辩今解[M]. 北京：商务印书馆，2016:31-32.

[78] 休谟. 人性论[M]. 贺江，译. 北京：台海出版社，2020:510-515.

[79] 黑格尔. 小逻辑[M]. 王义国，译. 北京：光明日报出版社，2009:102.

[80] 孙中原. 墨学与中国逻辑学趣谈[M]. 北京：商务印书馆，2017:126.

[81] 陈高傭. 墨辩今解[M]. 北京：商务印书馆，2016:104.

[82] 康德. 三大批判合集(上)[M]. 邓晓芒，译. 北京：人民出版社，2017:61.

[83] 康德. 三大批判合集(上)[M]. 邓晓芒，译. 北京：人民出版社，2017:61-62.

[84] 休谟. 人性论[M]. 贺江，译. 北京：台海出版社，2020:510-511.

[85] 休谟. 人性论[M]. 贺江，译. 北京：台海出版社，2020:514-515.

[86] 沈有鼎. 墨经的逻辑学[M]. 北京：中国社会科学出版社，1980:37.

[87] 胡适. 中国哲学史大纲[M]. 上海：东方出版社，1996:198.

[88] 黑格尔. 精神现象学：上卷[M]. 贺麟，王玖兴，译. 上海：上海人民出版社，2013:261.

[89] 张晴. 20世纪的中国逻辑史研究[D]. 北京：中国社会科学院研究生院，2004.

[90] 胡适. 中国哲学史大纲[M]. 北京：民主与建设出版社，2017:142.

[91] 胡适. 中国哲学史大纲[M]. 北京：民主与建设出版社，2017:147.

[92] 杨琪. 能近取譬：儒家道德教育的基本方法[J]. 理论导刊，2018(2):113-115.

[93] 詹剑锋. 墨子的哲学与科学[M]. 北京：人民出版社，1981:104.

[94] 沈有鼎. 墨经的逻辑学[M]. 北京：中国社会科学出版社，1980:56.

[95] 孙中原. 中国逻辑研究[M]. 北京：商务印书馆，2006:287-288.

[96] 海德格尔. 存在与时间[M]. 陈嘉映，译. 北京：三联书店，2014:3.

[97] 张耀南. 知识与文化——张东荪文化论著辑要[M]. 北京：中国广播电视出版社，1995:245.

[98] 向荣宪. 侔式推论质疑——兼析"杀盗非杀人"的命题[J]. 贵阳学院学报，

1989(4):76.

[99] 赵桂花.逻辑学视域的类比推理研究[D].杭州:浙江大学,2019.

[100] 曾昭式.墨家辩学:另外一种逻辑[J].哲学研究,2009(3):120.

[101] 詹剑锋.墨子的哲学与科学[M].北京:人民出版社,1981:142.

[102] 沃尔夫.道德哲学[M].李鹏程,译.北京:中信出版集团,2019:21.

[103] 吕嘉戈.中国文化中的整体观方法论与形象整体思维[J].中国文化研究,1998(1):27.

[104] 韩非子[M].高华平,王齐洲,张三夕,译注.北京:中华书局,2015:724.

[105] 论语[M].南宁:广西民族出版社,1996:295.

[106] 道德经[M].张景,张松辉,译注.北京:中华书局,2021:129.

[107] 赵汀阳.天下体系:世界制度哲学导论[M].北京:中国人民大学出版社,2017:27-28.

[108] 孙中原.墨学与中国逻辑学趣谈[M].北京:商务印书馆,2017:108.

[109] 荀子[M].方勇,李波,译注.北京:中华书局,2011:446.

[110] 庄子[M].方勇,译注.北京:中华书局,2010:572.

[111] 孟子[M].万丽华,蓝旭,译注.北京:中华书局,2006:14.

[112] 墨子[M].方勇,译注.北京:中华书局,2015:374.

[113] Stephen Wolfram 专访 Judea Pearl:从贝叶斯网络到元胞自动机[EB/OL].(2022-02-27)[2022-03-05].https://new.qq.com/omn/20220227/20220227A03O0N00.html.

[114] 鲁斌,等.人工智能及应用[M].北京:清华大学出版社,2017:4.

[115] 马杨口登,山田诚二.人工智能基础[M].张丹,译.北京:机械工业出版社,2020:4.

[116] 孙伟平,李杨.论人工智能发展的伦理原则[J].哲学分析,2022(1):4.

[117] 蔡自兴.人工智能及其应用[M].北京:清华大学出版社,2020:2.

[118] 刘毅.人工智能的历史与未来[J].科技管理研究,2004(6):121.

[119] 《新一代人工智能伦理规范》发布[EB/OL].(2021-09-26)[2022-01-10].http://www.most.gov.cn/kjbgz/202109/t20210926_177063.html.

[120] 杜严勇.人工智能伦理引论[M].上海:上海交通大学出版社,2020:291.

[121] 刘伟.人机融合[M].北京:清华大学出版社,2021:25-28.

[122] 蔡自兴.人工智能及其应用[M].北京:清华大学出版社,2020:116.

[123] 中科大校庆,《Nature》报道陈小平教授的佳佳机器人和其他成果[EB/OL].(2018-09-27)[2022-03-30]. http://vivo.yidianzixun.com/article/0K9MbJB1.

[124] 冯友兰.中国哲学史新编[M].北京:商务印书馆,2020:20.

[125] 黑格尔.美学[M].寇鹏程,编译.重庆:重庆出版社,2005:132.

[126] 黑格尔.美学[M].寇鹏程,编译.重庆:重庆出版社,2005:134.

[127] 麦克卢汉.理解媒介:论人的延伸[M].何道宽,译.南京:译林出版社,2020:396.

[128] 周易[M].北京:中华书局,2011:24.

[129] 道德经[M].张景,张松辉,译注.北京:中华书局,2021:108.

[130] 王先谦.荀子集解·儒效[M].北京:中华书局,2011:346.

[131] 邵雍.邵雍集[M].北京:中华书局,2010:49.

[132] 程颢,程颐.二程集[M].北京:中华书局,2004:144.

[133] 王绍源,任晓明.从机器(人)伦理学视角看"物伦理学"的核心问题[J].伦理学研究,2018(2):75.

[134] 胡飞.中国传统设计思维方式探索[M].北京:中国建筑工业出版社,2007:77.

[135] 苏振锋.和谐技术观探析[J].生产力研究,2009(6):9-13.

[136] 王书道.个人主义与集体主义:反思与整合[J].天中学刊,2000(12):22-23.

[137] 刘伟.军事智能化的瓶颈与关键问题研究[J].人民论坛·学术前沿,2021(10):32.

[138] 刘伟.人机融合[M].北京:清华大学出版社,2021:45.

[139] 孙伟平,李杨.论人工智能发展的伦理原则[J].哲学分析,2022(1):12.

[140] 封帅.人工智能时代的国际关系:走向变革且不平等的世界[J].外交评论,2018(1):151.

[141] 欧盟出台《数字市场法案》,剑指苹果微软谷歌等科技巨头![EB/OL]. (2022-03-27)[2022-04-08]. https://baijiahao.baidu.com/s?id=1728394255235556630&wfr=spider&for=pc.

[142] 梁尔照.道德评价模式新论[J].南昌大学学报(人社版),2004(6):32.

[143] 杜严勇.人工智能伦理引论[M].上海:上海交通大学出版社,2020:58.

[144] 杜严勇.人工智能伦理引论[M].上海:上海交通大学出版社,2020:59.

[145] 伍志燕.道德评价中动机与效果的不一致性[J].滨州学院学报,2013(1):59-62.

[146] 获教育部批准的345所开设人工智能本科专业高校名单大全![EB/OL]. (2021-04-16)[2021-08-15]. https://www.sohu.com/a/461090161_120249147.

[147] 徐瑞萍,向娟,戚潇.重塑:人工智能与智能生活[M].北京:北京邮电大学出版社,2020:22-24.

[148] 安东尼,奥拉迪梅吉.第四次教育革命:人工智能如何改变教育[M].吕晓志,译.北京:机械工业出版社,2019.

[149] 刁生富,张艳,刁宏宇.重塑:人工智能与学习的革命[M].北京:北京邮电大学出版社,2020:10.

[150] Стефанова. Хисравова Риски "умных" городов[J]. Карельский научный журнал,2018,23(2):126.

[151] 东莞:数字政府,智慧城市[EB/OL].(2021-11-17)[2022-04-03]. https://m.thepaper.cn/baijiahao_15424934.

[152] Ученые рекомендуют не размывать границы между работой и личной жизнью[EB/OL]. (2017-12-13)[2022-04-10]. https://ftimes.ru/202041-uchenye-rekomenduyut-ne-razmyvat-granicy-mezhdu-rabotoj-i-lichnoj-zhiznyu.html.

[153] 徐瑞萍,向娟,戚潇.重塑:人工智能与智能生活[M].北京:北京邮电大学出版社,2020:202-204.

[154] 程时伟.人机交互概论:从理论到应用[M].杭州:浙江大学出版社:2020:65-86.

[155] 任安波,叶斌.我国人工智能伦理教育的缺失及对策[J].科学与社会,2020(3):15-21.

[156] Course listing[EB/OL].[2021-11-20].https://www.seas.harvard.edu/computer-science/courses.

[157] Featured spring course[EB/OL].[2021-11-20].https://hai.stanford.edu/education.

[158] Social and ethical responsibilities of computing[EB/OL].[2021-11-20].https://computing.mit.edu/cross-cutting/social-and-ethical-responsibilities-of-computing/.

[159] 何艺宁,商容轩,于游.高校人工智能课程与伦理道德教育融合探索[J].教育教学论坛,2019(41):144-145.

[160] 郭明哲,等.人工智能技术融入高校工程伦理教育的问题及对策[J].教育现代化,2019,6(103):189-192.

[161] 桑翔."人工智能+教育"应融入伦理道德课[N].文汇报,2019-09-17(5).

[162] 任安波,叶斌.我国人工智能伦理教育的缺失及对策[J].科学与社会,2020(3):15-21.

[163] 田凤娟.人工智能伦理教育融入高校思想政治理论课初探 [J].北京邮电大学学报(社科版),2021(8):106-112.

[164] 高校科技伦理教育专项工作启动 拉起科技伦理的红线[EB/OL].(2022-03-24)[2022-03-24].http://edu.people.com.cn/n1/2022/0324/c367001-32383502.html.

[165] 芭氏,亨利.IT之火计算机技术与社会、法律和伦理[M].郭耀,译.北京:机械工业出版社,2019:40-43.

[166] 陈晓化,吴家富.人工智能重塑世界[M].北京:人民邮电出版社,2019:8.

[167] 程显毅.人工智能技术及应用[M].北京:机械工业出版社,2021:188-190.

[168] 陈晓化,吴家富.人工智能重塑世界[M].北京:人民邮电出版社,2019:241.

[169] 习近平. 习近平谈治国理政:第三卷[M]. 北京:外文出版社,2020:74.

[170] 陈小平. 人工智能伦理导引[M]. 安徽:中国科学技术大学出版社,2021:11.

[171] 谷歌摊上事了! 把黑人识别为大猩猩[EB/OL]. (2015-07-03)[2020-08-15]. http://www.xizhengw.com/thread-22659-1.html.

[172] 蒋佳妮. 促进人工智能发展的法律与伦理规范[M]. 北京:科学技术文献出版社,2020:61.

[173] 习近平主持中共中央政治局第九次集体学习并讲话[EB/OL]. (2018-10-31) [2021-01-03]. http://www.gov.cn/xinwen/2018-10/31/content_5336251.htm.

[174] 中共中央党史和文献研究院. 习近平关于网络强国论述摘编[M]. 北京:中央文献出版社,2021:119.

[175] Turing A M. Computing machinery and intellicence[J]. Mind,1950,54(236):433-460.

[176] 刘力源. 智能机器人会超越人类吗[J]. 科技导报,2015,33(21):101-103.

[177] 王晓阳. 人工智能能否超越人类智能[J]. 自然辩证法研究,2015,31(7):104-110.

[178] 钱铁云. 人工智能是否可以超越人类智能? ——计算机和人脑、算法和思维的关系[J]. 科学技术与辩证法,2004(5):44-47.

[179] 黄浩. "模仿游戏"无法超越人类智能[J]. 中国发展观察,2017(11):61-62.

[180] 杨朝舜. 人工智能技术进步对劳动力就业的替代影响研究[D]. 上海:上海社会科学院,2020.

[181] LAIP 链接人工智能准则平台[EB/OL]. [2021-07-15]. https://www.linking-ai-principles.org/cn?%20from=groupmessage.

[182] 哈贝马斯. 作为"意识形态"的技术与科学[M]. 李黎,郭官义,译. 上海:学林出版社,1999:54.

[183] 斯宾诺莎. 伦理学[M]. 贺麟,译. 北京:商务印书馆,2019:187.

[184] 王晓晖.积极培育和践行社会主义核心价值观[J].求是,2012(23):32.

[185] 罗国杰.试论马克思主义伦理学的价值观[J].哲学研究,1982(1):14-15.

[186] 中共中央马克思恩格斯列宁斯大林著作编译局.列宁专题文集(论辩证唯物主义和历史唯物主义)[M].北京:人民出版社,2009:139.

[187] 习近平.习近平谈治国理政:第一卷[M].北京:外文出版社,2014:168.

[188] 胡锦涛在中国共产党第十八次全国代表大会上的报告[N].人民日报,2012-11-18(1).

[189] 王绍源,赵君."物伦理学"视阈下机器人的伦理设计——兼论机器人伦理学的勃兴[J].道德与文明,2013(3):138.

[190] 中共中央马克思恩格斯列宁斯大林著作编译局.马克思恩格斯文集:第一卷[M].北京:人民出版社,2009:571.

[191] 中共中央马克思恩格斯列宁斯大林著作编译局.马克思恩格斯文集:第三卷[M].北京:人民出版社,2009:233.

[192] 习近平.习近平谈治国理政:第二卷[M].北京:外文出版社,2017:134.

[193] 中共中央党校(国家行政学院).习近平新时代中国特色社会主义思想基本问题[M].北京:人民出版社,2020:295.

[194] 施瓦布.第四次工业革命:转型的力量[M].李菁,译.北京:中信出版社,2016:70.

[195] 习近平.习近平谈治国理政:第三卷[M].北京:外文出版社,2020:123.

[196] 联合国教科文组织正式推出《人工智能伦理问题建议书》[EB/OL].(2021-11-26)[2022-01-15].https://www.chinanews.com.cn/gj/2021/11-26/9616424.shtml.

[197] 习近平.习近平谈治国理政:第三卷[M].北京:外文出版社,2020:119.

[198] 蔡拓.全球治理与国家治理:当代中国两大战略考量[J].中国社会科学,2016(6):6-8.

[199] 人工智能如何赋能新时代?习近平这样说[EB/OL].(2018-09-18)[2018-09-20].http://www.xinhuanet.com/politics/2018-09/18/c_1123447464.htm.